よくわかる
過渡現象

奥平鎮正 著

Okudaira Shizumasa

森北出版株式会社

まえがき

本書は，過渡現象を数式化して解を求めるというだけではなく，どのように数式化されるのか，その式はどのような物理的内容を表しているのかを理解することに重点を置いている．過渡現象解析にはラプラス変換を用いる解法が便利であるが，その解法は機械的で物理的理解には適していない．そこで，まず代表的な回路について，微分方程式で表される回路方程式を直接解きながら物理的内容の理解を進め，その後にラプラス変換を用いた計算法を学ぶ．本書では前者の方法を**古典的方法**，後者を**ラプラス変換による方法**とよぶことにする．例題，練習問題も取り上げ，具体的解法について解説する．なお，計算結果の妥当性を確認するために，回路シミュレータによるシミュレーション結果との照合についても紹介する†．さらに，電気系と機械系の類似性についても触れ，電気回路を用いた機械系の解析についても考える．

1 章ではまず，過渡現象が微分方程式で記述され，その解を求めるには初期条件を知る必要があることを述べる．そして，そのための準備として，電気回路を構成する電気素子（電気抵抗，インダクタ，コンデンサ）のはたらきを理解し，電圧と電流の関係式を導く．また，交流の過渡現象を解析するための準備として，フェーザ表示法について説明する．

2 章では，電気抵抗，インダクタ，コンデンサからなる電気回路に直流電源が印加された場合の過渡現象を微分方程式で記述し，解を求める．ここでは，その過渡現象がどのような物理的意味を表しているかを理解するために，微分方程式を直接解き，その解の性質を検討する．

3 章では，電気回路に交流電源が印加された場合の過渡現象を微分方程式で記述し，解を求める．2 章と同様に，その過渡現象がどのような物理的意味を表しているかを理解するために，微分方程式を直接解き，その解の性質を検討する．

4 章では，非正弦波交流電圧の代表例である方形波電圧が印加された場合の過渡現象について述べる．方形波電圧を，正の定電圧が印加される期間と負の定電圧が印加される期間に分けて考えれば，2 章で扱った直流過渡現象の解析結果を利用することができ，物理的内容の理解も容易となる．

5 章では，解析ツールとして有用なラプラス変換を用いて電気回路の過渡現象を解

† PSIM：パワエレおよびモータ制御のために開発された回路シミュレータ（開発元は Powersim 社），日本での販売元は Myway プラス株式会社．

析することを扱う．この方法は微分方程式を直接解く方法（2〜4章）に比べて物理的内容を理解しにくいというデメリットがあるが，形式的・自動的に解を算出できること，広義のオームの法則を利用できることなどのメリットがあるので，やや複雑な回路の過渡現象解析に適していることを紹介する．ここでは，時間領域における電気回路を初期条件も組み込んだ s 領域の等価回路に変換することにより，解析が簡素化されることを示す．

6章では，機械系と電気系の類似性を類推（アナロジー）することにより，機械系を電気系に置き換えて考えれば，電気回路を用いて機械系の過渡現象を解析できることを示す．例として，物体の振動や血圧の変動のシミュレーションなどをとり上げる．

おわりに，本書執筆の機会を与えて下さった森北出版株式会社第1出版部の加藤義之氏，出版にあたっていろいろ助言いただくとともに校正に手をお貸し下さるなど終始お世話いただいた同社第1出版部長の富井晃氏に，深く感謝する次第である．

2020年8月

著者

目　次

過渡現象とは

我々の周りで起きている現象は，瞬時に変化することはない．自然科学の現象だけでなく，政治・経済・社会の現象もそうである．種類によって経過時間の長短はあるにせよ，現象は徐々に過渡的に変化していく．一般に，第 1 の**定常状態**にあったものが何らかの外的要因を受けることにより，**過渡状態**を経て第 2 の定常状態へ移行したとき，この現象を**過渡現象**という．たとえば，当初停止していたモータに電源をつないでスイッチを入れると，モータは回転を始め，いずれは一定の回転数で回転する状態になる．この場合，当初の停止状態が第 1 の定常状態，受けた外的要因が電源電圧の印加，その後の移行過程が過渡状態，時間が経過した後の，定回転数での回転が第 2 の定常状態である．過渡現象は制御技術と深くかかわっており，モータの回転数を制御する場合，まず，制御対象であるモータの動作についての過渡現象を知る必要がある．その後，目標の回転数に速く到達させるよう何らかのはたらきかけを行うことになる．

1.1 現象がもっとも簡単な微分方程式で表される系と初期条件

図 1.1 のように，空気抵抗などの抵抗力がない状態で完全に滑らかな面の上に質量 M [kg] の物体を置き，物体に一定の力 F [N] を加えたら物体は速度 $v(t)$ で運動したとする[†]．力 F を与えた瞬間を時刻 $t = 0$ とすると，過渡現象はこの瞬間から始まる．$t \geq 0$ における運動方程式は

$$M\frac{\mathrm{d}v(t)}{\mathrm{d}t} = F \tag{1.1}$$

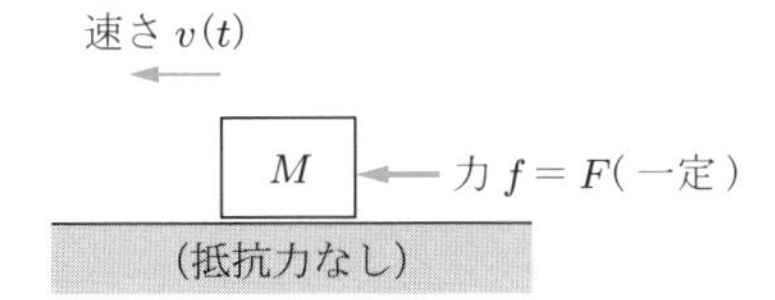

図 1.1　損失のない状態で物体に一定の力を与えた場合

† 本書では，時間 t の関数である文字変数には小文字のイタリック体を用いて “$v(t)$” のように表し，一定値（定数）の文字変数は大文字で表すことにする．時間 t の関数であることが明らかな場合は，簡単化のために “(t)” を省略することもある．

だから，

$$\frac{\mathrm{d}v(t)}{\mathrm{d}t} = \frac{F}{M}$$

となる．両辺を t で積分して，次のようになる．

$$v(t) = \int \frac{F}{M}\mathrm{d}t = \frac{F}{M}\int \mathrm{d}t = \frac{F}{M}t + K \tag{1.2}$$

ここに，K は積分定数（任意の定数）である．式 (1.2) により，数学的には**解**（これを**応答**ともいう）が求められたことになるが，物理的には，K が決定されなければ解 $v(t)$ が求められたとはいえない．そこで，K を決定するために何らかの条件が必要になる．一般的には $t = 0+$ のときの解 $v(0+)$ の値（初期値）を用いて K を決定する．

ここで，$v(0+)$ は，t を正の方向から 0 へ近づけたときの v の極限値を表す（これを**第 2 種初期条件**という）．これに対して，t を負の方向から 0 へ近づけたときの v の極限値は $v(0-)$ として表す（これを**第 1 種初期条件**という）．

物体は当初，静止していたので，$v(0+) = v(0-) = 0$ である．これを式 (1.2) へ代入すれば，

$$K = 0$$

となり，したがって，

$$v(t) = \frac{F}{M}t \tag{1.3}$$

という解が得られる．これをグラフに表すと図 1.2 のようになる．この例では第 2 種初期条件と第 1 種初期条件は等しい．

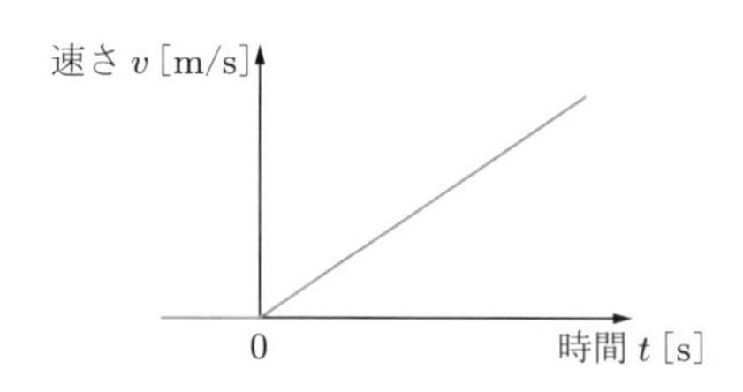

図 1.2　図 1.1 の運動系の解 $v(t)$ のグラフ

$t \geq 0$ における過渡現象を解析する場合，第 2 種初期条件すなわち解の出発値が必要になるが，ただちにそれを知ることができない場合がある．その場合は第 1 種初期条件（過渡現象が始まる直前の値）から第 2 種初期条件を知る必要がある．そのために，電気回路の過渡現象を解析する場合には，コンデンサに蓄えられる電荷の保存則やコイルに鎖交する磁束の連続性を用いるが，このことは次章で述べる．

なお，本書では，第 2 種初期条件が第 1 種初期条件と等しい場合には両者を区別せず，$v(0)$（$t=0$ のときの解の値）を用いることにする．

第 1 の定常状態から第 2 の定常状態に移る過渡現象の対象物として電流をとり上げる場合は，その外的要因は印加した電圧であり，対象物として電圧をとり上げる場合は，外的要因は供給する電流である．いずれの場合も電気回路の過渡現象はその回路を構成する電気素子に依存する．そこでまず，電気抵抗，コイル，コンデンサという電気素子について，どのような性質をもつのかを考えてみよう．

1.2 電気素子の性質

1.2.1 電気抵抗のはたらきと電圧－電流の関係式

周知のように，導体に電圧 V [V] を印加して電流 I [A] を流す場合，電流 I は電圧 V に比例する（ただし，半導体では電流の流れる原理が異なり，比例しない）．比例定数を G とすれば，

$$I = GV \tag{1.4}$$

と表される．G は電流の流れやすさの度合いを表し，これを**コンダクタンス**とよぶ．式 (1.4) から

$$G = \frac{I}{V} \tag{1.5}$$

だから，コンダクタンス G の単位は [A]/[V] であり，これを [S]（ジーメンス）という．

式 (1.4) から V を求めると，

$$V = \frac{I}{G} = \left(\frac{1}{G}\right) I = RI \tag{1.6}$$

となる．ここで，

$$R = \frac{1}{G} \quad \text{または} \quad G = \frac{1}{R} \tag{1.7}$$

であり，コンダクタンスの逆数 R を**電気抵抗**または単に**抵抗**とよぶ．以後，本書では抵抗とよぶ．抵抗 R は電流の流れにくさの度合いを表し，単位は $[\mathrm{S}^{-1}] = [\mathrm{V}]/[\mathrm{A}]$ であり，これを [Ω]（オーム）という．式 (1.6) は**オームの法則**として広く知られている関係式である．

式 (1.6) または式 (1.4) の関係は電圧と電流が時間変化する場合も成立し，図 1.3 に示すように，抵抗 R の端子電圧 $v(t)$ と流れる電流 $v(t)$ について

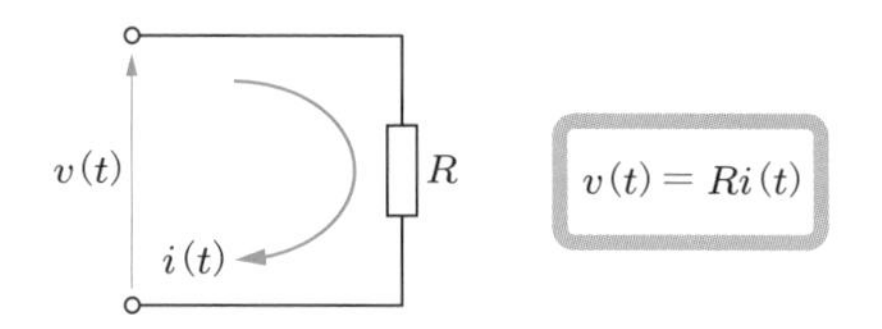

図 1.3　抵抗の端子電圧と電流の関係

$$v(t) = R\,i(t) \tag{1.8}$$

の関係が成立する．

式 (1.8) には微分，積分を含まないので，抵抗だけの回路では過渡現象は生じない．たとえば，図 1.4 のように，時刻 $t = 0$ で直流電圧 V [V] を印加すると，瞬間的に V/R という一定電流が流れる．

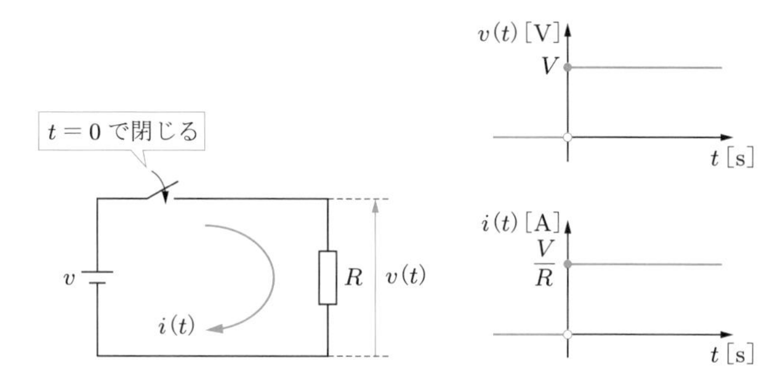

図 1.4　直流電圧印加時の抵抗端子電圧と電流

1.2.2　コイル（インダクタ）のはたらきと電圧－電流の関係式

コイルは導線をらせん状に巻いた電気素子である．導線が理想導体の場合には，その抵抗は 0 であるので，直流において，コイルは単なる導線と同じで電流を妨げない．しかし，交流では状況が変わってくる．コイルは，その中を貫通する磁束の時間的変化を妨げるはたらきをするためである．たとえば，図 1.5 のように，検流計を接続したコイルを考えてみよう．電源は接続されていないので，当然のことながら，このままでは検流計の針は振れない．

さて，このコイルに磁石を近づけてみると，以下の現象が起こる．

① 磁石を近づける．

② 当初はなかった磁束 Φ [Wb] ができる（増加する）．

③ コイル内に磁束がないという状態が変化するため，コイル内部に逆向きの磁束

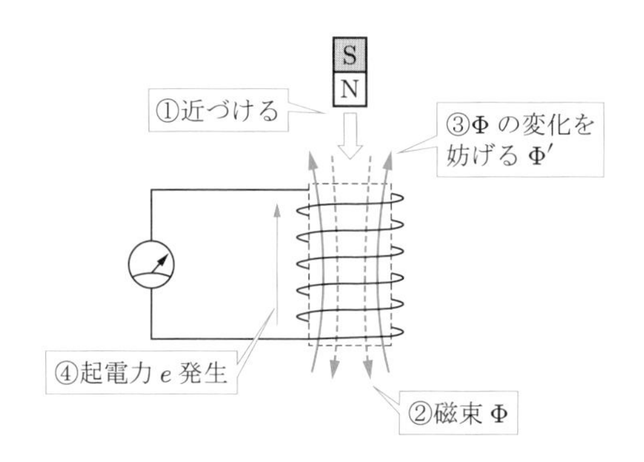

図 1.5　コイルのはたらき

Φ' [Wb] を作って状態を元に戻そうとする．

④ その磁束 Φ' を作るべく起電力 e [V] が発生する．

これを**誘導起電力**という．その結果，回路に電流が流れ，検流計が振れる．つまり，コイルには内部の磁束が増加する（時間変化する）ことを妨げるはたらきが起こる．したがって，磁石を近づけてそのままにするとコイル内にできた磁束Φは一定に保たれて変化しなくなるので，コイルには誘導起電力は発生しなくなり，検流計の針は振れなくなる．次に，磁石を遠ざけるとどうなるか．もうおわかりのとおり，コイル内にあった磁束が減少していくので，その減少を妨げるように，つまり増加させるようなはたらきが起こる．つまり，先ほどとは逆向きに誘導起電力が発生し，検流計の針は逆向きに振れる．この現象を**レンツの法則**という．磁石を近づけたり遠ざけたりすることを繰り返せば，コイルには交流の誘導起電力が発生する．これが**発電**の原理である．

発生する誘導起電力は，磁束の時間変化が速いほど，磁石の磁力が強いほど，コイルの巻き数が多いほど，大きくなる．この性質とレンツの法則を合わせて**ファラデーの法則**という．

ファラデーの法則を数式で表すと次のようになる．すなわち，N 回巻きのコイルにおいて，貫通磁束 Φ の時間変化を妨げるべく誘導起電力 e [V] が発生したのだから，

$$e(t) = -\frac{\mathrm{d}(N\Phi(t))}{\mathrm{d}t} = -N\frac{\mathrm{d}\Phi(t)}{\mathrm{d}t} \tag{1.9}$$

となる．ここで，負の符号は“妨げる向き”ということを表している．

このように，コイルは時間変化する貫通磁束に対して起電力を誘起（誘導）し，そのため**インダクタ**ともよばれる．以後，本書ではコイルのことをインダクタとよぶ．

式 (1.9) はコイルに発生した起電力 $e(t)$ を表しているが，逆に，コイルに発生した電圧降下 $v(t)$ とみれば，

$$v(t) = -e(t) = \frac{\mathrm{d}(N\Phi(t))}{\mathrm{d}t} = N\frac{\mathrm{d}\Phi(t)}{\mathrm{d}t} \tag{1.10}$$

となる．

式 (1.10) において，N 回巻きのコイル内の磁束 $N\Phi$ [Wb]（**鎖交磁束数**という）は，流れた電流 $i(t)$ [A] に比例すると考えられるから†，比例定数を L と書けば，

$$N\Phi(t) = Li(t) \tag{1.11}$$

となる．したがって，$v(t)$ は次式のようになる．

$$v(t) = \frac{\mathrm{d}(N\Phi(t))}{\mathrm{d}t} = \frac{\mathrm{d}(Li(t))}{\mathrm{d}t} = L\frac{\mathrm{d}i(t)}{\mathrm{d}t}$$

$$\therefore v(t) = L\frac{\mathrm{d}i(t)}{\mathrm{d}t} \tag{1.12}$$

この式がコイル端子電圧と電流の関係を表す式である．

ここで，L は**自己インダクタンス**とよばれ，コイルの寸法，コイルの芯の材質の透磁率によって決まる．単位には [H]（ヘンリー）を用いる．コイルすなわちインダクタの電気用図記号，およびインダクタ端子電圧と電流の関係は図 1.6 のようになる．

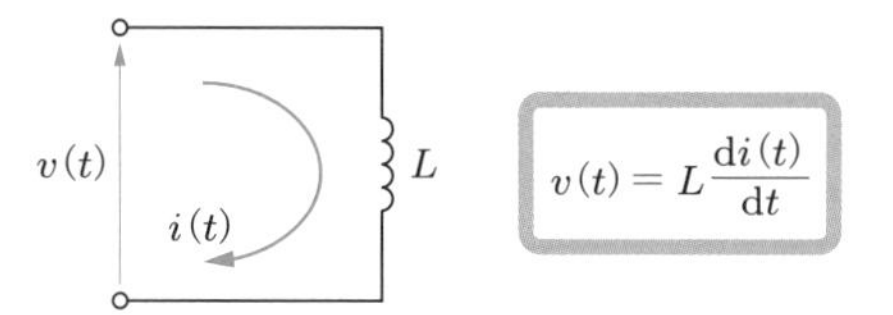

図 1.6 **インダクタの端子電圧と電流の関係**

ここで，インダクタは電流の時間変化を妨げるはたらきをするから，電流は不連続に変化することはできず，過渡現象が起こり始める瞬時（$t=0$ のとき）にはインダクタは回路開放に相当すると考えてよい．

なお，直流の定常状態においては，$i(t)$ は一定なので $v(t) = L\mathrm{d}i(t)/\mathrm{d}t = 0$ となり，インダクタ端子は短絡回路（単なる導線）に相当すると考えてよい．

図 1.7 のように，時刻 $t=0$ で直流電圧 V [V] を印加する場合を考えると，

$$L\frac{\mathrm{d}i(t)}{\mathrm{d}t} = V$$

$$\frac{\mathrm{d}i(t)}{\mathrm{d}t} = \frac{V}{L}$$

† 実際上，インダクタンスを増加させるためにコイルの芯に鉄（強磁性体）を用いる場合は，そのヒステリシス特性により，正確には，磁束は電流に比例しないので，自己インダクタンス L は定数として扱えない．しかし簡単化のため，本書では L は定数として扱う．

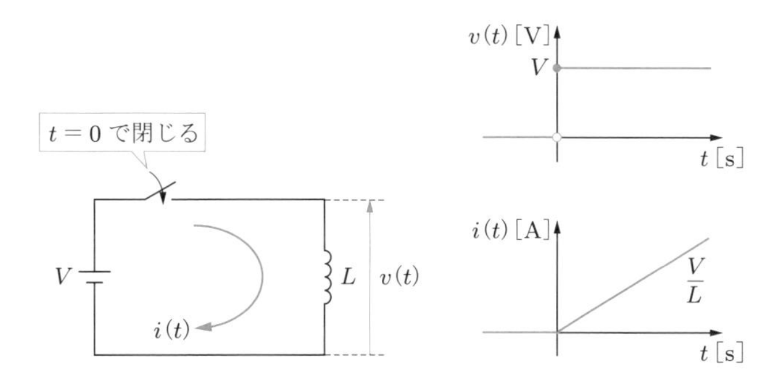

図 1.7　直流電圧印加時のコイル端子電圧と電流

だから，両辺を t で積分すると，

$$i(t)=\frac{V}{L}t+K \quad (K \text{ は積分定数})$$

となる．当初，電流は流れていなかったので，$t=0$ のとき $i(0)=0$ である．よって，$K=0$ となる．

したがって，$(V/L)t$ という電流が流れ，時間に関して傾き V/L で直線的に増大する．

なお，厳密には，コイルを流れる電流の初期条件は，閉回路における鎖交磁束数の和は連続という条件により決まる．これを**鎖交磁束数連続の理**という．ここでは，$Li(0-)=Li(0+)$，すなわち $i(0-)=i(0+)$ となる[†1]．

例題 1.1　ある電気回路において，インダクタンス L [H] のインダクタに直流電流 I [A] が流れている．時刻 $t=0$ でスイッチを開いて電流を遮断した場合に，インダクタ端子に発生する電圧 $v(t)$ [V] を求めよ．

解答　式 (1.12) から次のようになる．

$$v(t)=L\frac{\mathrm{d}i(t)}{\mathrm{d}t}$$

$t=0$ において $i(t)$ は I [A] から 0 に瞬時に変化するので $\mathrm{d}i(t)/\mathrm{d}t=-\infty$，$t>0$ においては $i(t)=0$ なので $\mathrm{d}i(t)/\mathrm{d}t=0$ である．直流電流 $i(t)$ と発生した電圧 $v(t)$ の関係は図 1.8 のようになり，理論的には，スイッチを開いた瞬時にインパルス状の電圧が発生する．

電気回路には多かれ少なかれインダクタを含むので，電流を急に切ると大きなスパイク電圧が発生し，危険であることがわかる[†2]．

---

†1　したがって，5.3.1 項で後述するように，回路によってはコイルを流れる電流が不連続になる場合もある．

†2　電力変換回路においては，この大きなスパイク電圧を抑制するために，半導体スイッチ素子に並列にスナバ回路（おもに R-C 回路）を設けている．

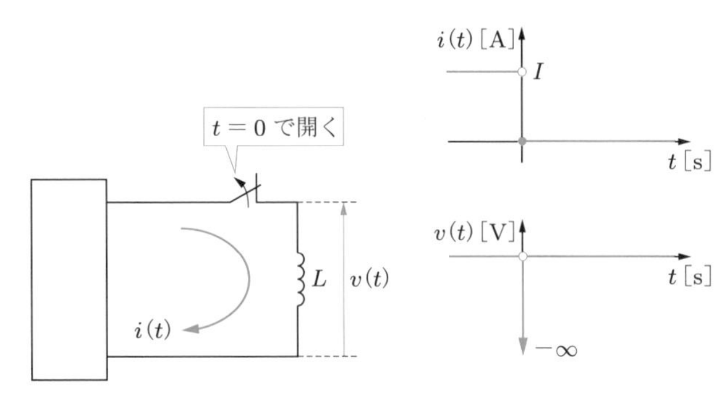

図 1.8　直流電流遮断時のコイル端子電圧

1.2.3　コンデンサのはたらきと電圧－電流の関係式

コンデンサは一対の電極の間に誘電体（絶縁体）を挿入したもので，電荷を蓄えるバケツと考えてよい．電極間に電圧 V [V] を印加すると電荷 Q [C]（クーロン）が溜まり，Q は V に比例する．これを式で書けば，

$$Q = CV \tag{1.13}$$

となる．ここで，比例定数 C を**静電容量**（**キャパシタンス**）といい，単位には [F]（ファラド）を用いる．印加電圧 V が大きいほど，静電容量 C が大きいほど，多くの電荷を蓄えることができる．

印加電圧が時間変化する場合は蓄えられる電荷も時間変化し，

$$q(t) = Cv(t) \tag{1.14}$$

となる．$v(t) > 0$ のとき電荷が蓄えられ（充電），$v(t) < 0$ のときには電荷が放出される（放電）．すなわち，コンデンサに交流電圧を印加すると，コンデンサは充放電を繰り返すため電荷が変化し，電流が流れる．電流は電荷の時間変化の割合なので，式 (1.14) を微分すると，

$$i(t) = \frac{\mathrm{d}q(t)}{\mathrm{d}t} = C\frac{\mathrm{d}v(t)}{\mathrm{d}t} \tag{1.15}$$

だから，

$$\begin{aligned} \frac{\mathrm{d}v(t)}{\mathrm{d}t} &= \frac{1}{C}i(t) \\ \therefore v(t) &= \frac{1}{C}\int i(t)\mathrm{d}t \end{aligned} \tag{1.16}$$

となる．

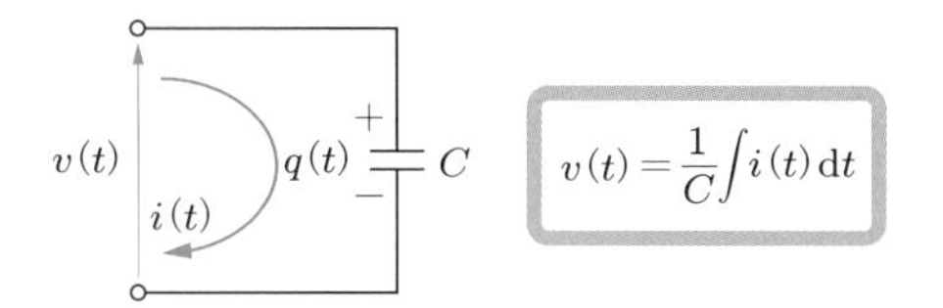

図 1.9 コンデンサの端子電圧と電流の関係

コンデンサの電気用図記号，およびコンデンサ端子電圧と電流の関係は図 1.9 のようになる．

ここで，過渡現象が生じる前にコンデンサに初期電荷がない場合には，式 (1.14) から，

$$v(t) = \frac{q(t)}{C} = 0$$

であり，過渡現象が起こり始める瞬時（$t = 0$ のとき）には，コンデンサは短絡状態にあると考えてよい．

なお，直流の定常状態においては，$v(t)$ は一定なので $i(t) = C\mathrm{d}v(t)/\mathrm{d}t = 0$ となり，コンデンサ端子は回路開放に相当すると考えてよい．

たとえば，図 1.10 のように，当初は充電されていなかった理想コンデンサ（無損失）があると仮定して，このコンデンサに時刻 $t = 0$ で直流電圧 V [V] を印加すると，瞬間的に無限大の充電電流が流れ，瞬時に 0 になる．すなわち，

$$v(0-) = 0, \quad v(0) = V, \quad v(0+) = V$$
$$i(0-) = 0, \quad i(0) = \infty, \quad i(0+) = 0$$

となり，過渡現象は生じないことになる．

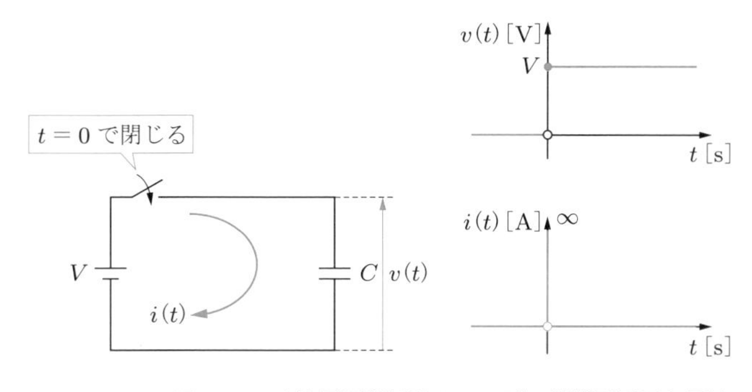

図 1.10 直流電圧印加時のコンデンサ端子電圧と電流

例題 1.2　電圧 E [V] で充電されたコンデンサ C [F] の両端子を時刻 $t=0$ にて短絡した場合に流れる電流 $i(t)$ を求めよ．

解答　ここでの電流は放電電流で，式 (1.15) における電流と逆の向きなので，

$$i(t) = -C\frac{\mathrm{d}v(t)}{\mathrm{d}t}$$

となる．$t=0$ において $v(t)$ は E [V] から 0 に瞬時に変化するから $\mathrm{d}v(t)/\mathrm{d}t = -\infty$ であり，$i(0) = \infty$ となる．$t > 0$ においては $v(t) = 0$ なので $\mathrm{d}v(t)/\mathrm{d}t = 0$ となる．以上から，充電されたコンデンサを短絡するときの端子電圧と電流の関係は図 1.11 のようになり，理論的には（抵抗がない場合），瞬時にインパルス状の放電電流が流れる．

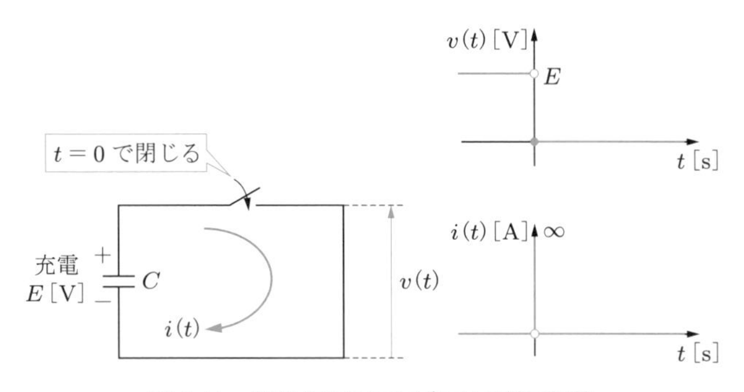

図 1.11　充電されたコンデンサの端子短絡

したがって，充電されたコンデンサを放電させたい場合には抵抗 R [Ω] を介する必要がある．その場合，放電電流をどのくらいに抑えたいのかを知るためには，後述する 2.2 節を理解する必要がある．

1.3　フェーザ表示法（複素ベクトル記号法）

次章以降で詳しく述べるが，過渡現象を抑制する抵抗力がある場合には，理論的に無限の時間を要するものの，過渡現象が消滅すると解は定常値に達する．入力（たとえば，図 1.1 の例では力 f）が一定の場合は出力（解，図 1.1 では速度 v）の定常値も一定，入力が正弦波の場合は出力の定常値も正弦波となる．我々の身の回りの物理現象では，入力を正弦波として扱える場合が多い．電気回路においては正弦波交流理論がこれにあたる．そこで，入力が正弦波電圧（三角関数）の場合，電流の定常値（三角関数）を容易に求めることができる**フェーザ表示法（複素ベクトル記号法）**を紹介する．

1.3.1 フェーザ（複素ベクトル）とは

図 1.12 のように，線形回路[†1] に**最大値** V_m，**角周波数** ω，**初期位相** 0[†2] の正弦波電圧

$$v(t) = V_m \sin \omega t \tag{1.17}$$

を印加したら，過渡現象消滅後に，最大値 I_m，角周波数 ω，初期位相 ϕ の正弦波電流

$$i(t) = I_m \sin(\omega t + \phi) \tag{1.18}$$

が流れたとしよう．$v(t)$ が入力信号，$i(t)$ が出力信号に相当する．なお，線形回路に電流 $i(t)$ が流れた結果，端子に電圧 $v(t)$ が発生した場合には，$i(t)$ が入力信号，$v(t)$ が出力信号に相当することになる．

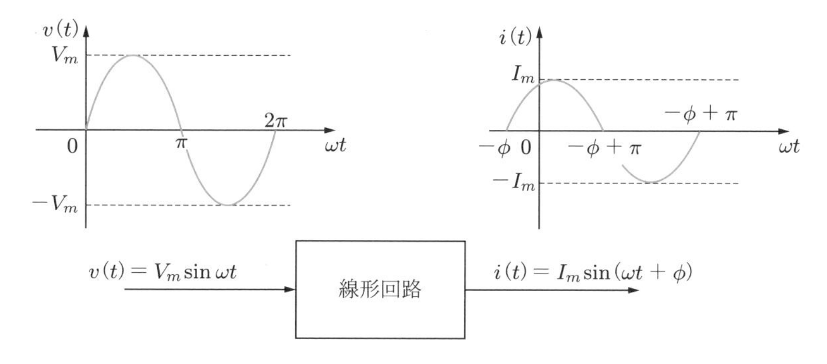

図 1.12　線形回路に正弦波電圧 $v(t)$ を印加したときの電流 $i(t)$

図 1.12 における $v(t)$ と $i(t)$ のグラフは，横軸に独立変数である ωt [rad]（これを電気角という）をとったときの瞬時波形であり，当然，v と i は時間 t についての（あるいは電気角 ωt についての）三角関数である．

次に見方を変えて，図 1.13 のように，$v(t)$ と $i(t)$ の関係を回転する半直線 V，I に置き換えて表示してみよう．この図では，水平方向に目線を置いて，$v(t)$ と $i(t)$ の瞬時波形の高さに着目している．

瞬時値 $v(t)$，$i(t)$（高さの値）は，図 (b) のように角周波数 ω [rad/s] で時間とともに変化するが，これを図 (a) のように最大値（振幅）と同じ長さをもち，角速度 ω [rad/s]

---

†1　入力の大きさ X と出力の大きさ Y の比 Y/X が一定値 A になる，すなわち $Y = AX$ になる系を線形系という．電気回路の場合，印加電圧 $v(t)$ の大きさを V，電流 $i(t)$ の大きさを I とすると大きさの比 $Z = V/I$ が一定になるとき，これを線形回路という．この式から $V = XI$ なので，大きさについては電圧 V と電流 I は比例する．つまり，回路が線形ならば，正弦波交流でも大きさについてオームの法則が成立する．なお，当然のことだが，$v(t)$ と $i(t)$ 自体の比 $v(t)/i(t)$ は一定にはならない．

†2　電圧 v の初期位相が 0 でない場合でも，$v = 0$ となる時刻を座標（時間軸）の原点に選べば，初期位相を 0 として扱うことができる．

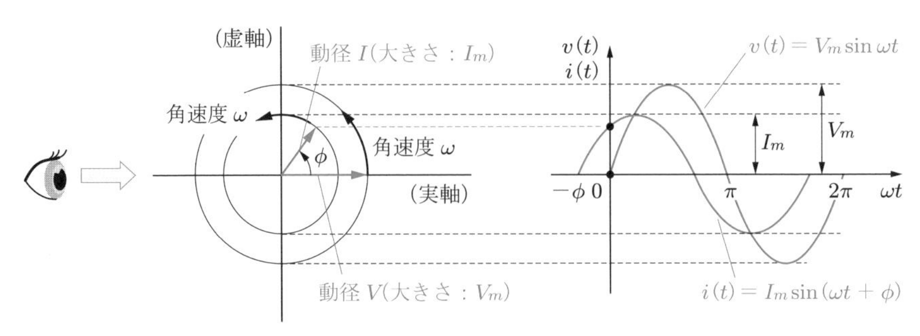

（a）複素座標上の動径表示($\omega t = 0$ のとき)　　（b）瞬時値表示(瞬時波形)

図 1.13　動径を用いた正弦波信号の複素ベクトル表示

で回転する半直線に置き換えて考える．この回転する半直線 $V(\omega t)$，$I(\omega t)$ を**動径**とよぶ．図 (a) は図 (b) の $\omega t = 0$ における動径の位置を表している．ここで，動径の原点側（回転の中心）ではない端部には矢印を付けることにする．時刻が経過すると $V(\omega t)$，$I(\omega t)$ は角速度 ω で時計方向に回転する．たとえば，$\omega t = 0$ において動径 V は水平方向右向き，$\omega t = \pi/2$ において垂直方向上向き，$\omega t = \pi$ において水平方向左向き，$\omega t = 3\pi/2$ において垂直方向下向き････と変化し，周期 2π で 1 回転する．

この回転の様子を定量化（あるいは数式化）するために，図 (a) のように複素平面を導入する．横軸を実軸，縦軸を虚軸とした複素座標で表される複素平面に，電圧の動径 V を考えると図 1.14 のように表される．このように，複素平面上で考えると，動径 V は $j\omega t$ の関数となる．

ここで，“j” は**虚数単位**を表し，$j^2 = -1$ である．数学では虚数単位に “i” を使用するが，電気工学では “i” は電流の変数を表すので，“j” を使用する．

図 1.14 のように複素平面を導入したことにより，$V(j\omega t)$ を定量的に表現できるようになる．ある時刻 t における実数成分の大きさは $V_m \cos \omega t$，虚数成分の大きさは

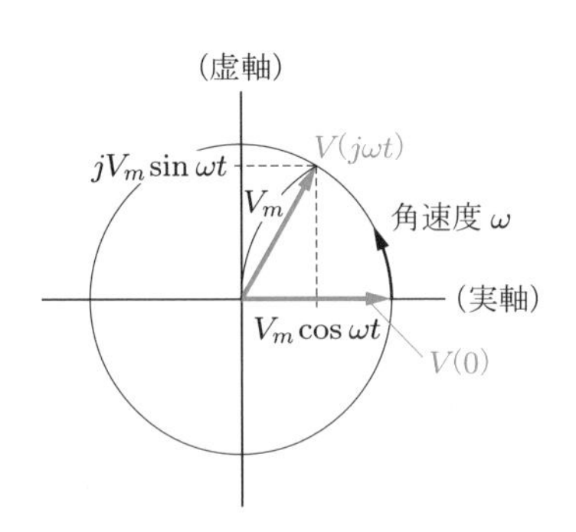

図 1.14　複素平面上で考えた動径 $V(j\omega t)$

$V_m \sin\omega t$ となるから，$V(j\omega t)$ は

$$V(j\omega t) = V_m \cos\omega t + jV_m \sin\omega t = V_m (\cos\omega t + j \sin\omega t) \tag{1.19}$$

と表すことができる．

また，オイラーの式 $e^{j\theta} = \cos\theta + j\sin\theta$ から

$$V(j\omega t) = V_m e^{j\omega t} \tag{1.20}$$

と表すこともできる．

ここで，$\omega t = 0$ で $V(0) = V_m$，$\omega t = \pi/2$ で $V(j\pi/2) = jV_m$，$\omega t = \pi$ で $V(j\pi) = -V_m$，$\omega t = 3\pi/2$ で $V(j3\pi/2) = -jV_m$，$\cdots$だから，$V(j\omega t)$ は角速度 ω で反時計方向に回転することが式で表現されている．

図 1.13(a) における電流の動径 I も同様に考えることができる．ただし，I は V と一定角度 ϕ（ここでは，時計方向に正の向き）だけずれているので

$$I(j\omega t) = I_m \cos(\omega t + \phi) + jI_m \sin(\omega t + \phi)$$
$$= I_m \{\cos(\omega t + \phi) + j\sin(\omega t + \phi)\} \tag{1.21}$$
$$I(j\omega t) = I_m e^{j(\omega t + \phi)} \tag{1.22}$$

と表される．

次に，$\omega t = 0$（すなわち $t = 0$）のときの電圧と電流の動径の位置関係を表した図を図 1.15 に示す．図における $\dot{V}$，$\dot{I}$ は，以下に述べるように V の動径と I の動径を表している．

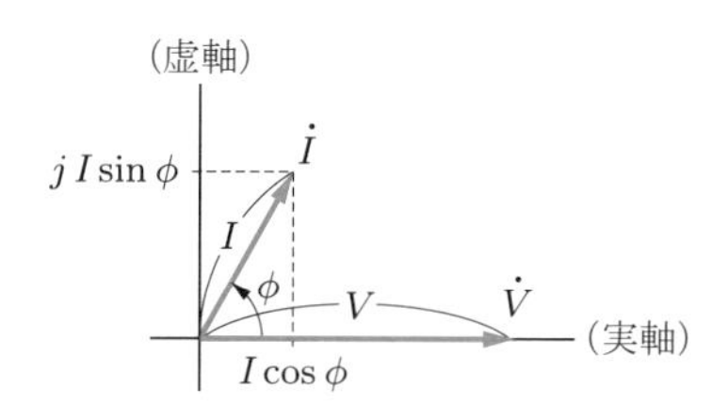

図 1.15　$\omega t = 0$ のときの位置に静止させた電圧の動径と電流の動径（複素座標表示）

ここで，電圧と電流の動径は時間の経過とともに回転するが，角度 ϕ ずれて 同じ角速度 ω で 回転することに留意してほしい．つまり，電圧と電流の動径の相対位置関係は変わらないのである．ならば，両者の相対位置関係を検討するうえで，電圧と電流の動径の回転を止めて考えても問題はない．そこで，図のように，$\omega t = 0$ のときの電圧の動径と電流の動径を静止させて考えれば事足りる（むしろ，そのほうが検討し

やすい)[†1]．このように考えると，電圧と電流の動径はもはや時間の関数ではなく，一定角度 ϕ だけずれた静止ベクトルとして扱うことができる．そこで，あらためて，静止させた電圧の動径を $\dot{V}$，電流の動径を $\dot{I}$ と表すことにする[†2]．$\dot{V}$ と $\dot{I}$ のなす角 ϕ を偏角という．ϕ はもともと電圧と電流の位相差であることから，$\dot{V}$ と $\dot{I}$ を**フェーザ**(phasor：位相ベクトル phase vector に由来）とよび，図 1.15 のように，静止したベクトルを複素平面上に描いた図を**フェーザ図**という．

このように電圧と電流を表示する方法を**フェーザ表示法**という．また複素平面上のベクトル記号表示という意味から**複素ベクトル記号法**ともいう．

1.3.2 フェーザの直交座標表示（複素座標表示）と極座標表示（フェーザ表示）

電圧の初期位相を 0 としたとき，図 1.15 のように定義された電圧フェーザ $\dot{V}$ と電流フェーザ $\dot{I}$ の大きさを $V = |\dot{V}|$，$I = |\dot{I}|$ とすると，次のように数式表現できる．

$$\dot{V} = V + j0 = V \tag{1.23}$$

$$\dot{I} = I\cos\phi + jI\sin\phi \tag{1.24}$$

この表示方法を**直交座標表示**あるいは**複素座標表示**という．図 1.15 の関係図は図 1.13(b) から導かれたものなので，本来，$\dot{V}$ と $\dot{I}$ の大きさは電圧と電流の最大値である．しかし，正弦波交流回路では電圧と電流の代表値としておもに実効値（最大値の $1/\sqrt{2}$ 倍）を用いるので，フェーザの大きさにも**実効値**を用いると約束する．

また，次式のように，フェーザの大きさと実軸からの角度を用いて，$\dot{V}$ と $\dot{I}$ を表現することもできる．

$$\dot{V} = V\angle 0 \quad (V \text{ は電圧の実効値}) \tag{1.25}$$

$$\dot{I} = I\angle\phi \quad (I \text{ は電流の実効値}) \tag{1.26}$$

この表示方法を**極座標表示**という[†3]（これをフェーザ表示ということもある）．

なお，オイラーの式を考慮すると，極座標表示と同様の表示方法として

$$\dot{V} = Ve^{j0} = V \tag{1.27}$$

$$\dot{I} = Ie^{j\phi} \tag{1.28}$$

という数式表現を用いることもある．これを**指数関数表示**という．

---

†1　任意の時刻 t における動径の位置に固定させて考えてもよいが，電圧 $v(t)$ の初期位相を 0 として考えたので，$\omega t = 0$ のときの動径を考える．

†2　変数記号の上の“・(ドット)”は微分の意味ではなく，ベクトルの意味を表す．

†3　文字変数の上に“・(ドット)”がある場合はフェーザを，ない場合はその大きさ，すなわち実効値を表す．

以上から，正弦波交流の瞬時値表示とフェーザ表示の対応関係は以下のようになる．

瞬時値表示　　　　　　フェーザ表示

$$v(t) = V_m \sin\omega t \quad \leftrightarrow \quad \dot{V} = \frac{V_m}{\sqrt{2}}\angle 0 = \frac{V_m}{\sqrt{2}}\cos 0 + j\frac{V_m}{\sqrt{2}}\sin 0 = \frac{V_m}{\sqrt{2}}$$

$$i(t) = I_m \sin(\omega t + \phi) \quad \leftrightarrow \quad \dot{I} = \frac{I_m}{\sqrt{2}}\angle\phi = \frac{I_m}{\sqrt{2}}\cos\phi + j\frac{I_m}{\sqrt{2}}\sin\phi$$

このようなフェーザ表示を用いると，次項に示すように正弦波交流でも広義のオームの法則が成立し，交流回路を直流回路と同じく，四則演算で解析できるという利点がある．

1.3.3　フェーザの表示法の相互変換と四則演算

ここでは，

$$\dot{A} = A_1 + jA_2 = A\angle\phi_A \tag{1.29}$$

$$\dot{B} = B_1 + jB_2 = B\angle\phi_B \tag{1.30}$$

で表された二つのフェーザを例にして，直交座標表示と極座標表示の相互変換，四則演算の方法について述べる．

(1)　直交座標表示と極座標表示の相互変換

図 1.16 に示すようなフェーザ $\dot{A}$ を例にとって説明する．図から明らかなように，

$$\dot{A} = A_1 + jA_2 = \sqrt{A_1^2 + A_2^2}\,\angle\tan^{-1}\left(\frac{A_2}{A_1}\right) \quad \text{（直交座標 → 極座標変換）} \tag{1.31}$$

$$\dot{A} = A\angle\phi_A = A\cos\phi_A + jA\sin\phi_A \quad \text{（極座標 → 直交座標変換）} \tag{1.32}$$

となる．フェーザ $\dot{B}$ についても同様である．

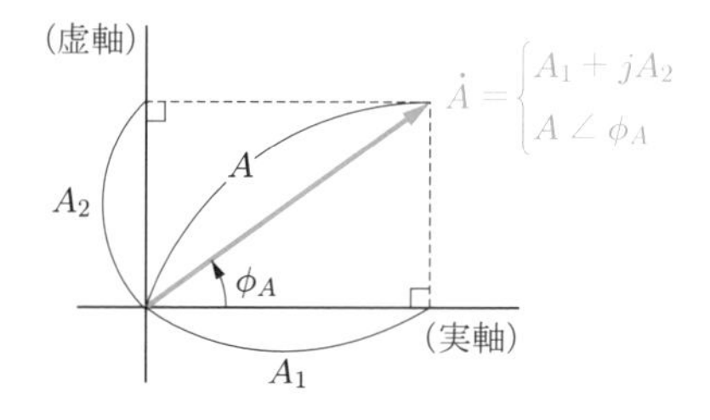

図 1.16　フェーザ図（フェーザの直交座標表示と極座標表示）

(2) 加算と減算

加算と減算は直交座標表示（複素座標表示）で行う．

$$\dot{A} \pm \dot{B} = (A_1 + jA_2) \pm (B_1 + jB_2) = (A_1 \pm B_1) + j(A_2 \pm B_2) \qquad (1.33)$$

これは，ベクトルの和・差と同じで，実数成分どうし，虚数成分どうしの和・差になる．

(3) 乗算と除算

フェーザ $\dot{A}$ と $\dot{B}$ は，指数関数表示により

$$\dot{A} = A\angle\phi_A = Ae^{j\phi_A} \qquad (1.34)$$

$$\dot{B} = B\angle\phi_B = Be^{j\phi_B} \qquad (1.35)$$

と表すことができるから，両者の積は

$$\dot{A} \cdot \dot{B} = (Ae^{j\phi_A}) \cdot (Be^{j\phi_B}) = A \cdot Be^{j(\phi_A+\phi_B)}$$

であり，

$$\dot{A} \cdot \dot{B} = A \cdot B\angle(\phi_A + \phi_B) \qquad (1.36)$$

となる．すなわち，フェーザの乗算に極座標表示を用いれば，大きさは両者の積，偏角は両者の和となる．

同様に，商は

$$\frac{\dot{A}}{\dot{B}} = \frac{A}{B}\angle(\phi_A - \phi_B) \qquad (1.37)$$

となる．すなわち，フェーザの除算に極座標表示を用いれば，大きさは両者の商，偏角は両者の差となる．

1.3.4 電気回路素子のフェーザ表示

これまで述べてきたフェーザ表示を電気回路素子に適用するとどうなるか，以下に説明する．

(1) 電気抵抗

前節で述べたように，電気抵抗の端子電圧と電流は比例するので，$v(t) = \sqrt{2}V \sin \omega t$ の電圧を印加すると，流れる電流はオームの法則から

$$i(t) = \frac{\sqrt{2}V}{R} \sin \omega t$$

であり，そのフェーザ表示は，$v(t) = \sqrt{2}V \sin \omega t \to \dot{V} = V\angle 0$ と置き換えて，

$$\dot{I} = \frac{V}{R}\angle 0 = \frac{V}{R}$$

となる．印加電圧のフェーザ表示は $\dot{V} = V\angle 0 = V$ だから，電圧フェーザを電流フェーザで割ると，

$$\frac{\dot{V}}{\dot{I}} = \frac{V}{\dfrac{V}{R}} = R$$

となる．したがって，図 1.17(a) のように，フェーザ表示でも抵抗 R についてはそのままオームの法則が成立する．

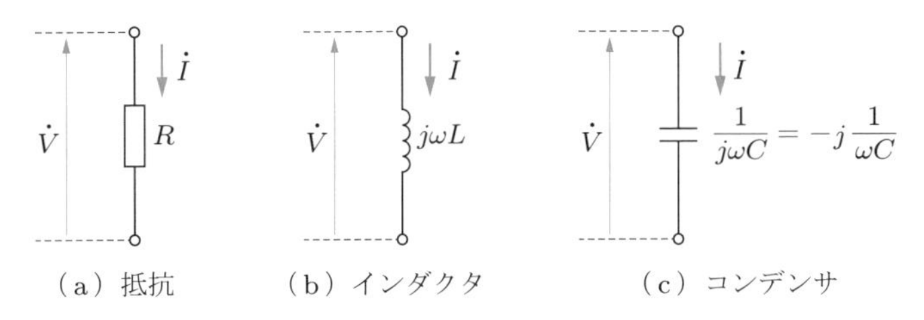

図 1.17　電気回路素子のフェーザ表示

(2)　インダクタ

インダクタンス L [H] のインダクタに電流 $i(t) = \sqrt{2}I \sin \omega t$ を流す場合を考えよう．このとき，端子電圧は

$$\begin{aligned} v(t) &= L\frac{\mathrm{d}i(t)}{\mathrm{d}t} = L\frac{\mathrm{d}}{\mathrm{d}t}(\sqrt{2}I \sin \omega t) = \sqrt{2}\omega LI \cos \omega t \\ &= \sqrt{2}\omega LI \sin(\omega t + \pi/2) \end{aligned} \tag{1.38}$$

となる．電流と端子電圧のフェーザ表示は

$$\dot{I} = I\angle 0 = I$$

$$\dot{V} = \omega LI\angle\frac{\pi}{2} = j\omega LI$$

であり，電圧フェーザを電流フェーザで割ると，

$$\frac{\dot{V}}{\dot{I}} = \frac{j\omega LI}{I} = j\omega L \quad \text{（複素定数）} \tag{1.39}$$

となる．したがって，図 1.17(b) のように，フェーザ表示によれば，インダクタンス L

を $j\omega L\,[\Omega]$ に置き換えることで，広義のオームの法則が成立する．

また，式 (1.39) から

$$\dot{V} = j\omega L\dot{I} = L \cdot j\omega\dot{I} \tag{1.40}$$

となる．式 (1.38) は時間領域の回路方程式，式 (1.40) はフェーザ表示の回路方程式であるが，両者を比べれば，微分するという演算 "$\mathrm{d}/\mathrm{d}t$" は，フェーザ表示では "$j\omega$" に対応することがわかるだろう[†]．

(3) コンデンサ

静電容量 C [F] のコンデンサに，$v(t) = \sqrt{2}V\sin\omega t$ の電圧を印加すると，蓄えられる電荷 $q(t)$ [C] は，

$$q(t) = C\,v(t)$$

となる．両辺を微分すると，次のようになる．

$$\begin{aligned} i(t) &= \frac{\mathrm{d}q(t)}{\mathrm{d}t} = C\frac{\mathrm{d}v(t)}{\mathrm{d}t} = C\frac{\mathrm{d}}{\mathrm{d}t}(\sqrt{2}V\sin\omega t) \\ &= \sqrt{2}\omega CV\cos\omega t = \sqrt{2}\omega CV\sin(\omega t + \pi/2) \end{aligned} \tag{1.41}$$

これをフェーザ表示すると，

$$\dot{I} = \omega CV\angle\frac{\pi}{2} = j\omega CV$$

であり，電圧フェーザを電流フェーザで割ると，

$$\frac{\dot{V}}{\dot{I}} = \frac{V}{j\omega CV} = \frac{1}{j\omega C} \tag{1.42}$$

となる．したがって，図 1.17(c) のように，フェーザ表示によれば，静電容量 C を $1/j\omega C\,[\Omega]$ に置き換えることで，広義のオームの法則が成立する．

また，式 (1.42) から，

$$\dot{V} = \frac{1}{j\omega C}\dot{I} = \frac{1}{C}\cdot\frac{1}{j\omega}\dot{I} \tag{1.43}$$

で，式 (1.41) から，

$$v(t) = \frac{1}{C}\int i(t)\mathrm{d}t \tag{1.44}$$

---

† $\mathrm{d}/\mathrm{d}t \to j\omega$ という対応関係のことで $\mathrm{d}/\mathrm{d}t = j\omega$（等しい）ということではない。

である．式 (1.43) と式 (1.44) を比べれば，積分するという演算 "$\int dt$" は，フェーザ表示では "$1/j\omega$" に対応することがわかる．

例題 1.3 図 1.18(a) に示す R-L 直列回路に $v(t) = \sqrt{2}V \sin \omega t$ [V] の正弦波電圧を印加した．定常状態における電流 $i(t)$，抵抗端子電圧 $v_R(t)$，インダクタ端子電圧 $v_L(t)$ を求めよ．

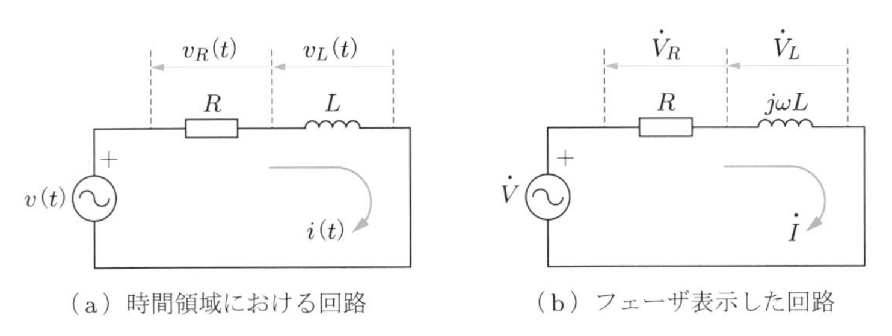

図 1.18 **定常状態にある *R*-*L* 直列回路のフェーザ表示**

解答 $v(t) \to \dot{V} = V\angle 0$，$L \to j\omega L$，$i(t) \to \dot{I}$，$v_R(t) \to \dot{V}_R$，$v_L(t) \to \dot{V}_L$ と置き換えて，回路を図 1.18(b) のようにフェーザ表示すると，回路計算は直流回路と同様に行うことができて

$$\dot{I} = \frac{\dot{V}}{R + j\omega L}$$

となる[†]．これはフェーザの除算なので，分母子を極座標に直して

$$\dot{I} = \frac{V\angle 0}{\sqrt{R^2 + (\omega L)^2}\angle \tan^{-1}\frac{\omega L}{R}} = \frac{V}{\sqrt{R^2 + (\omega L)^2}}\angle - \tan^{-1}\frac{\omega L}{R} = I\angle - \phi$$

となる．ここで，

$$I = \frac{V}{\sqrt{R^2 + (\omega L)^2}}, \quad \phi = \tan^{-1}\frac{\omega L}{R}$$

また，

$$\dot{V}_R = R \cdot \dot{I} = \frac{RV}{\sqrt{R^2 + (\omega L)^2}}\angle - \tan^{-1}\frac{\omega L}{R} = RI\angle - \phi$$

$$\begin{aligned}\dot{V}_L = j\omega L \cdot \dot{I} &= \left(\omega L\angle\frac{\pi}{2}\right) \cdot \left(\frac{V}{\sqrt{R^2 + (\omega L)^2}}\angle - \tan^{-1}\frac{\omega L}{R}\right) \\ &= \frac{\omega LV}{\sqrt{R^2 + (\omega L)^2}}\angle\left(-\tan^{-1}\frac{\omega L}{R} + \frac{\pi}{2}\right) = \omega LI\angle\left(-\phi + \frac{\pi}{2}\right)\end{aligned}$$

---

† 回路は R と $j\omega L$ の直列だから，電流を妨げる度合いは直流回路と同じく和になる．$\dot{Z} = R + j\omega L$ を**インピーダンス**という（単位 [Ω]）．

である．$\dot{V}$，$\dot{I}$，$\dot{V}_R$，$\dot{V}_L$ のフェーザ図を描くと，図 1.19 のようになる．

図より，$\dot{V}_R + \dot{V}_R = \dot{V}$ であり，フェーザ領域でもキルヒホッフの法則が成立する．

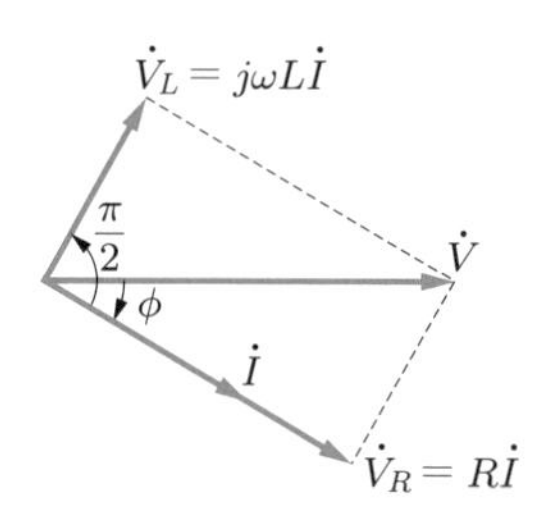

図 1.19　***R-L*** **直列回路の電圧と電流のフェーザ図**

フェーザ表示を瞬時値表示に戻せば，

$$i(t) = \frac{\sqrt{2}V}{\sqrt{R^2 + (\omega L)^2}} \sin\left(\omega t - \tan^{-1}\frac{\omega L}{R}\right) = \sqrt{2}I \sin(\omega t - \phi)$$

$$v_R(t) = \sqrt{2}RI \sin(\omega t - \phi)$$

$$v_L(t) = \sqrt{2}\omega LI \sin\left(\omega t - \phi + \frac{\pi}{2}\right)$$

となる．

このように，フェーザ表示を用いれば，時間という概念に捉われることなく，定常状態における回路解析が可能となる．

このフェーザ表示法は回路が線形であれば，どのような回路解析にも適用できる．

演習問題

1.1 電気抵抗はどのようなはたらきをするのか説明し，その端子電圧と電流の関係を表す式を導け．

1.2 インダクタ（コイル）はどのようなはたらきをするのか説明し，その端子電圧と電流の関係を表す式を導け．また，過渡現象が始まる瞬時にインダクタはどのようなはたらきをするかを述べよ．

1.3 コンデンサはどのようなはたらきをするのか説明し，その端子電圧と電流の関係を表す式を導け．また，過渡現象が始まる瞬時にコンデンサはどのようなはたらきをするかを述べよ．

直流電源を印加した場合の過渡現象

直流の定常状態において，インダクタ（コイル）は一定の磁気エネルギーを蓄える素子（流れる電流は一定，端子電圧はゼロ），コンデンサは一定の静電エネルギーを蓄える素子（端子電圧は一定，電流はゼロ）として動作するが，その状態に至るまでには過渡状態が生じる．また，インダクタとコンデンサがともに存在する回路では，磁気エネルギーと静電エネルギーが交互に入れ替わるので振動性の過渡現象を生じる．抵抗はその過渡現象を抑制するようにはたらき，その結果，過渡現象は減衰振動となったり，振動せずに減衰したりする．

ここでは，代表的な回路において，どのような過渡現象が生じるのか考えていこう．

2.1 *R-L* 直列回路（単エネルギー回路）の直流過渡現象

2.1.1 *R-L* 直列回路に直流電圧を印加する場合の過渡現象解析

図 2.1 のように，抵抗 $R\,[\Omega]$ とインダクタ $L\,[\mathrm{H}]$ からなる直列回路に，時刻 $t = 0$ で直流電圧 $E\,[\mathrm{V}]$ を印加した場合の電流 $i(t)$ の変化の様子を解析する．ただし，スイッチを閉じる前には電流は流れていなかったものとする．

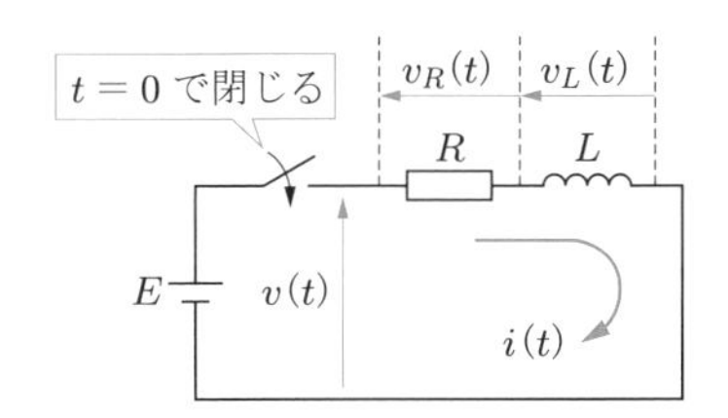

図 2.1　直流電圧が印加された *R-L* 直列回路

図において，

$$\begin{cases} v_R(t) = Ri(t) \\ v_L(t) = L\dfrac{\mathrm{d}i(t)}{\mathrm{d}t} \\ v_R(t) + v_L(t) = E \end{cases} \tag{2.1}$$

だから，未知変数を $i(t)$ とする回路方程式は

$$Ri(t) + L\frac{\mathrm{d}i(t)}{\mathrm{d}t} = E \tag{2.2}$$

となる．ただし，$t = 0+$ のとき $i(0+) = 0$ である．

(1)　変数分離法による解法

まずは基本的な解法である**変数分離法**を用いて式 (2.2) を解いてみよう．式 (2.2) の左辺 $Ri(t)$ を右辺に移行し，$-R$ でくくると

$$L\frac{\mathrm{d}i(t)}{\mathrm{d}t} = -R\left(i(t) - \frac{E}{R}\right)$$

となる．さらに，両辺を $L\left(i(t) - E/R\right)$ で割ると，次式となる．

$$\frac{1}{i(t) - E/R}\frac{\mathrm{d}i(t)}{\mathrm{d}t} = -\frac{R}{L} \tag{2.3}$$

式 (2.3) においては，左辺の変数が $i(t)$，右辺は t の関数もしくは定数に分離されている．ここで，0 で割ることはできないので，

$$i(t) - \frac{E}{R} \neq 0 \quad \text{すなわち} \quad i(t) \neq \frac{E}{R} \tag{2.4}$$

でなければならない（$L \neq 0$ は自明）．式 (2.4) が成り立つことは後述する．

式 (2.4) の両辺を t で積分すると，

$$\int \frac{1}{i(t) - E/R}\frac{\mathrm{d}i(t)}{\mathrm{d}t}\mathrm{d}t = -\frac{R}{L}\int \mathrm{d}t \tag{2.5}$$

となり，左辺の積分変数は t から $i(t)$ へ変換されて

$$\int \frac{1}{i(t) - E/R}\mathrm{d}i(t) = -\frac{R}{L}\int \mathrm{d}t \tag{2.6}$$

となる†．

積分を実行すると，

$$\ln\left|i(t) - \frac{E}{R}\right| = -\frac{R}{L}t + K_0 \tag{2.7}$$

---

† $f(i) = \dfrac{1}{i - E/R}$ として，$\displaystyle\int f(i)\frac{\mathrm{d}i}{\mathrm{d}t}\mathrm{d}t$ について考える．

$H(i) = \int f(i)\mathrm{d}i$ とおくと，$f(i) = \mathrm{d}H(i)/\mathrm{d}i$ である．ゆえに，次のようになる．

$$\int f(i)\frac{\mathrm{d}i}{\mathrm{d}t}\mathrm{d}t = \int \underbrace{\frac{\mathrm{d}H(i)}{\mathrm{d}i}\frac{\mathrm{d}i}{\mathrm{d}t}}\mathrm{d}t = \int \underline{\frac{\mathrm{d}H(i)}{\mathrm{d}t}}\mathrm{d}t = H(i) = \int f(i)\mathrm{d}i$$

（合成関数の微分法）

となる．ここに，K_0 は積分定数である．これを指数関数に書き換えると，

$$i(t) - \frac{E}{R} = e^{-\frac{R}{L}+K_0} = e^{K_0}e^{-\frac{R}{L}t} = Ke^{-\frac{R}{L}t} \tag{2.8}$$

となる．ここで，$K = e^{K_0}$ とおき直した．よって，次のようになる．

$$i(t) = \frac{E}{R} + Ke^{-\frac{R}{L}t} \tag{2.9}$$

ここで，1.1 節で述べたように，過渡現象解析においては第 2 種初期条件が必要であるが，図 2.1 の回路では鎖交磁束数の連続性から $Li(0+) = Li(0-)$，すなわち $i(0+) = i(0-)$ である．このように，第 2 種初期条件が第 1 種初期条件に等しいことが明らかな場合には，両者を一緒にして，初期条件を $i(0) = 0$ と書くことにする．よって，

$$\frac{E}{R} + K = 0$$
$$\therefore\ K = -\frac{E}{R} \tag{2.10}$$

となり，したがって，解は

$$i(t) = \frac{E}{R} - \frac{E}{R}e^{-\frac{R}{L}t} \tag{2.11}$$

となる．$t \to \infty$ とすれば，最終値は

$$i(\infty) = \frac{E}{R} \tag{2.12}$$

で，式 (2.11) の右辺第 1 項と第 2 項を

$$i_s = \frac{E}{R} \tag{2.13}$$
$$i_t = -\frac{E}{R}e^{-\frac{R}{L}t} \tag{2.14}$$

とおくと，

$$i(t) = i_s + i_t \tag{2.15}$$

である．これらをグラフに表すと図 2.2 のようになり，解 $i(t)$ は i_s と i_t の和である†.

図からわかるように，i_s は過渡現象が消滅した後に到達する定常状態の解を表しており，これを**定常解**という．この解は $t \to \infty$ のときの式 (2.2) の解であり，添字 "s" は定常解の英語名 "stedy-state solution" の頭文字である．数学ではこれを**特殊解**（あ

† このグラフは定数と減衰指数関数の和だから簡単に描けるが，もしグラフの形のイメージが湧かない場合には，「グラフの初期値は 0，最終値（定常解）は E/R，振動要因すなわち三角関数を含まないから途中で振動せずに最終値に近づく」と考えれば概形を予想できる．

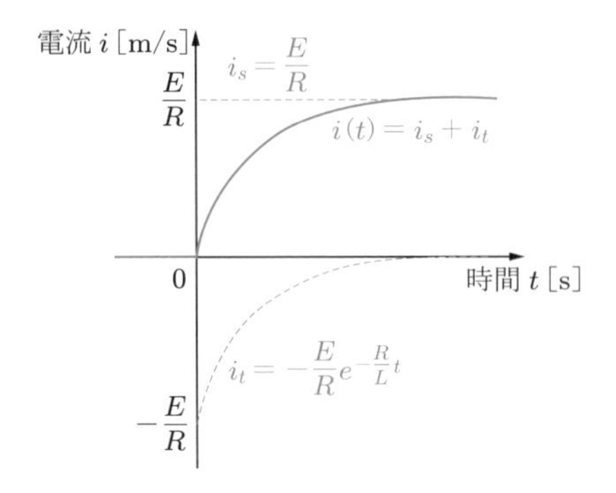

図 2.2 図 2.1 の ***R-L*** 直列回路の解のグラフ

るいは**特解**）とよんでいる．なお，定常解は $t \to \infty$ のときの解の極限値を表しているから，$i(t) < E/R$ であり，式 (2.4) が成り立っていることがわかる．

また，i_t は過渡現象が起きている間に存在する解を表しており，これを**過渡解**という．添字 "t" は過渡解の英語名 "transient solution" の頭文字である．

(2) 定常解と過渡解の和から解を導出する方法

(1) では変数分離法を用いて解を求めたが，ここでは「定常解と過渡解を別々に求め，両者を足し合わせた後，初期条件を用いて解を決定する方法」を考える．いい換えれば，**重ね合わせの理**を用いる解法である．

(1) で説明したように，式 (2.2) の解は定常解 i_s と過渡解 i_t の和となる．

ここで，i_s は

$$t \to \infty \text{ のときの} \quad Ri(t) + L\frac{\mathrm{d}i(t)}{\mathrm{d}t} = E \tag{2.16}$$

の解であり，また i_t は

$$Ri(t) + L\frac{\mathrm{d}i(t)}{\mathrm{d}t} = 0 \tag{2.17}$$

の一般解である．

1 章で学んだ回路素子の性質を考慮すれば，定常解の形は予想できることが多い．また，式 (2.17) の解である過渡解は，指数関数の形になることがわかっている．したがって，それぞれの予想解を足し合わせ，初期条件を用いて解を決定すれば，式 (2.2) の一般解が得られる．

(a) 定常解

電気回路においては，直流電圧が印加されたときには $t \to \infty$ において電流は一定値（直流）になる．

$t \to \infty$ における式 (2.2) の解すなわち定常解 i_s（一定）は式 (2.2) を満足するから，式 (2.2) の左辺に $i(t) = i_s$ を代入すれば，右辺は必ず E となる．つまり，

$$Ri_s + L\frac{\mathrm{d}i_s}{\mathrm{d}t} = E \tag{2.18}$$

となる．ここで，

$$\frac{\mathrm{d}i_s}{\mathrm{d}t} = 0 \tag{2.19}$$

なので，

$$i_s = \frac{E}{R} \tag{2.20}$$

となる．ただし，この例では与えた電圧が一定値 E なので，定常解 i_s は一定値になるが，ほかの場合，たとえば正弦波で表される時間関数の場合，i_s は正弦波の時間関数になるので，$\mathrm{d}i_s/\mathrm{d}t$ は 0 にならないことに留意してほしい．その場合の定常解の求め方は 3 章で述べる．

(b)　過渡解と特性方程式

過渡解 i_t は式 (2.14) のように指数関数（系が安定ならば減衰指数関数）になるので，過渡解を

$$i_t = Ke^{pt} \tag{2.21}$$

とおくことにしよう．ここで，K，p は定数である．

式 (2.21) は式 (2.17) を満足するから，$i(t) = i_t = Ke^{pt}$ を式 (2.17) の左辺へ代入すれば結果は必ず 0 となる．よって，

$$KRe^{pt} + KLpe^{pt} = 0$$

となり，$K \neq 0$，$e^{pt} \neq 0$ として，両辺を Ke^{pt} で割ると，次のようになる．

$$R + Lp = 0 \tag{2.22}$$

一方，式 (2.17) において，“**微分演算子**”$\mathrm{d}/\mathrm{d}t$ を p と考えて，

$$\frac{\mathrm{d}}{\mathrm{d}t} \to p \quad (\text{等号 “=” ではなく “}\to\text{”}) \tag{2.23}$$

とおくと，次のようになる．

$$Ri(t) + Lpi(t) = 0$$

ここで，$pi(t)$ は“$i(t)$ を微分する”という意味で，p と $i(t)$ の積ではないが，形式的に積と考えると両辺を $i(t)$ で割ることができるので，

$$R + Lp = 0 \tag{2.22$'$}$$

を得る．この式は式 (2.22) に等しい．式 (2.22) から p を解くと，

$$p = -\frac{R}{L} \tag{2.24}$$

が得られる．

このpの値は指数関数で表される過渡解式 (2.14) の指数にあたる．つまり，式 (2.22) は解の特性を表す方程式といえる．そのためにこれを**特性方程式**とよび，その方程式の解を**特性根**とよぶ．ちなみに制御工学の分野では，特性方程式は“伝達関数の分母 $= 0$”という式に相当する．

以上から，過渡解は，同次方程式 (2.17) において $\mathrm{d}/\mathrm{d}t \to p$ とおくことにより得られる特性方程式の解（特性根）(2.24) を用いて求めることができ，

$$i_t = Ke^{pt} = Ke^{-\frac{R}{L}t} \tag{2.25}$$

となる．

(c)　元の微分方程式の解

したがって，元の微分方程式 (2.2) の一般解は

$$i(t) = i_s + i_t = \frac{E}{R} + Ke^{-\frac{R}{L}t} \tag{2.26}$$

となり，式 (2.9) と同じ結果が得られる．定数 K は初期条件から決定され，式 (2.10) と同様に，

$$K = -\frac{E}{R}$$

となり，解

$$i(t) = \frac{E}{R} - \frac{E}{R}e^{-\frac{R}{L}t} \tag{2.27}$$

が得られる．

この「定常解と過渡解の和から解を導出する方法」は「変数分離法」を用いることができない2階以上の微分方程式の解法にも適用することができる．

(3)　時定数

グラフを描いてみれば，解が最終値（定常値）E/R にゆっくり近づくのか，すばや

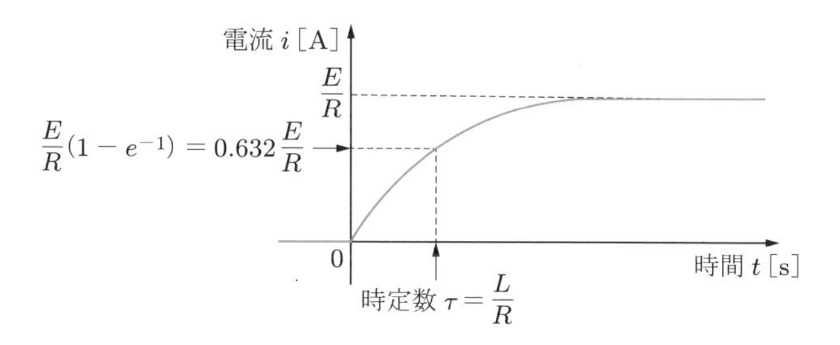

図 2.3　**時定数**

く近づくのかははっきりするが，グラフを描かなくてもその度合いを表す指標があれば便利である．そこで，図 2.3 のように，式 (2.11) における過渡解の指数部分 $(R/L)t$ が 1 となるときの時刻 t に着目し，これを**時定数**（じていすう）と定義する（JIS では "ときじょうすう" という）．この R-L 直列回路では，時定数を τ とすると，

$$\frac{R}{L}\tau = 1$$

となる．すなわち，

$$\tau = \frac{L}{R} \tag{2.28}$$

である．

時刻 t が時定数 τ に等しいとき，式 (2.11) の値は

$$i(\tau) = \frac{E}{R}(1-e^{-1}) = 0.632\frac{E}{R} \tag{2.29}$$

となる．つまり，解（応答）が最終値の 63.2%（下位桁から "2×3 が 6" という語呂になる）に達するまでの時間が時定数である．時定数が小さい場合は応答が速く，時定数が大きい場合は応答が遅いことを表す．

この R-L 直列回路の例では，式 (2.28) から，インダクタンス L が大きいほど時定数は大きくなる．L が大きいということは電流の時間変化を妨げるはたらきが大きいということである．機械系に対応させると，慣性が大きいことに相当する．また，抵抗 R が小さいほど時定数は大きくなる．R が小さいということは，L に起因する慣性力を抑制する力が弱いということに相当するからである．

(4)　インダクタ端子電圧とインダクタに蓄えられるエネルギー

図 2.1 における抵抗端子電圧 $v_R(t)$ とインダクタ端子電圧 $v_L(t)$ は

$$v_R(t) = Ri(t) = E\left(1 - e^{-\frac{R}{L}t}\right) \tag{2.30}$$

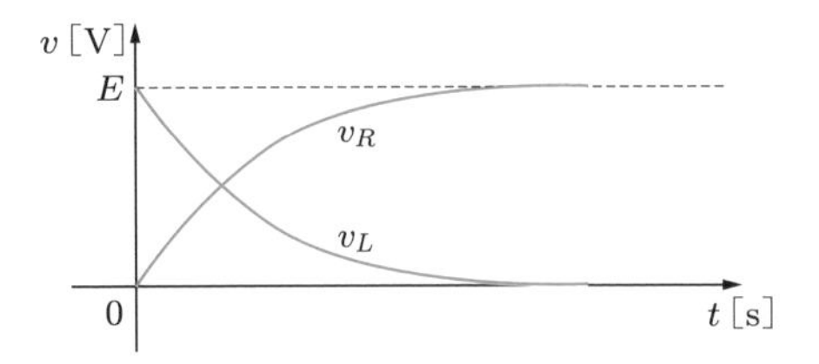

図 2.4　**R-L** 直列回路における抵抗とインダクタの端子電圧

$$v_L(t) = L\frac{\mathrm{d}i(t)}{\mathrm{d}t} = Ee^{-\frac{R}{L}t} \tag{2.31}$$

である．

$v_R(t)$ と $v_L(t)$ のグラフは図 2.4 のようになり，両者を足せば E となる．

インダクタに蓄えられるエネルギー W_L は

$$\begin{aligned}
W_L &= \int_0^\infty v_L(t)i(t)\mathrm{d}t = \int_0^\infty Ee^{-\frac{R}{L}t}\frac{E}{R}\left(1-e^{-\frac{R}{L}t}\right)\mathrm{d}t \\
&= \frac{E^2}{R}\int_0^\infty \left(e^{-\frac{R}{L}t}-e^{-\frac{2R}{L}t}\right)\mathrm{d}t = \frac{E^2}{R}\left[-\frac{L}{R}e^{-\frac{R}{L}t}+\frac{L}{2R}e^{-\frac{2R}{L}t}\right]_0^\infty \\
&= L\left(\frac{E}{R}\right)^2\left[-e^{-\frac{R}{L}t}+\frac{1}{2}e^{-\frac{2R}{L}t}\right]_0^\infty = L\left(\frac{E}{R}\right)^2\left(-0+0+1-\frac{1}{2}\right) \\
&= \frac{1}{2}L\left(\frac{E}{R}\right)^2
\end{aligned} \tag{2.32}$$

となる．

ここで，E/R は式 (2.13) に示したように定常解（電流の最終値）i_s だから，

$$W_L = \frac{1}{2}Li_s^2 \tag{2.33}$$

とも表される．

この W_L はインダクタに磁気エネルギーとして蓄えられる†．

2.1.2 直流電源を取り去る場合の過渡現象解析

図 2.5 の R-L 回路において，当初スイッチは a 側に入れられていて定常状態にあったとする．時刻 $t = 0$ で瞬時にスイッチを b 側に入れるときの電流 $i(t)$ の変化の様子

† ここでは直流電源が印加されたときの現象を対象にしているので，$t \to \infty$ にてインダクタには磁気エネルギーが蓄えられるだけだが，交流電源が印加されたときにはエネルギーの貯蓄と放出が繰り返されることは容易に予想されよう．

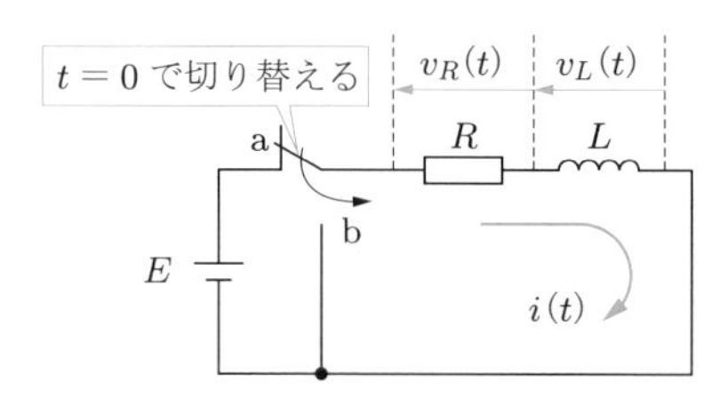

図 2.5　直流電源を取り去る場合の R-L 直列回路

を解析する[†1].

$t \geq 0$ における回路方程式は次式となる.

$$Ri(t) + L\frac{\mathrm{d}i(t)}{\mathrm{d}t} = 0 \tag{2.34}$$

ただし，当初，スイッチは a 側に入れられていて定常状態にあったのだから,

$$i(0) = \frac{E}{R} \tag{2.35}$$

である[†2].

式 (2.34) の定常解は $i_s(t) = 0$ である．過渡解は式 (2.17) と同様に,

$$i(t) = i_t(t) = Ke^{-\frac{R}{L}t} \tag{2.36}$$

となる．初期条件 (2.35) を用いて積分定数 K を定めると，$K = E/R$ だから

$$i(t) = \frac{E}{R}e^{-\frac{R}{L}t} \tag{2.37}$$

と求められる．式 (2.37) から解 $i(t)$ のグラフを描くと図 2.6 のようになる．時刻が時

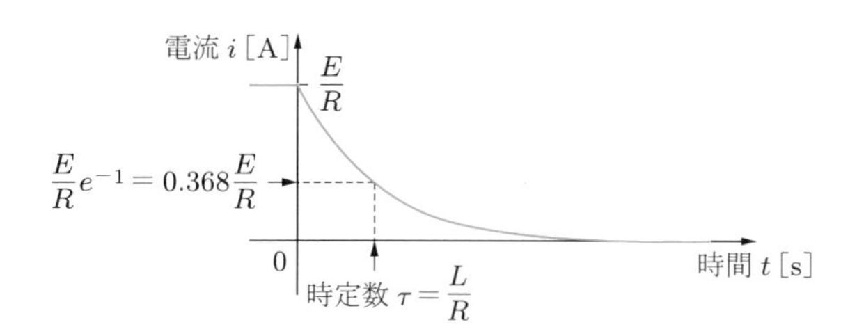

図 2.6　直流電源を取り去る場合の R-L 直列回路の過渡応答

†1　実際はスイッチを a から b へ切り替える途中でスイッチ端子が一時的に開放状態になり，急に電流が切断されて $i = 0$, $v_{ab} = L\mathrm{d}i/\mathrm{d}t = -\infty$ となる恐れがある．それを防止するために右図のようにダイオード D を用いる．Sw がオンのときには D はオフ（逆バイアス）となり，電源からインダクタに電流が供給される．Sw をオフにすると電源が切り離されるとともに D がオンして電流が流れ続ける.

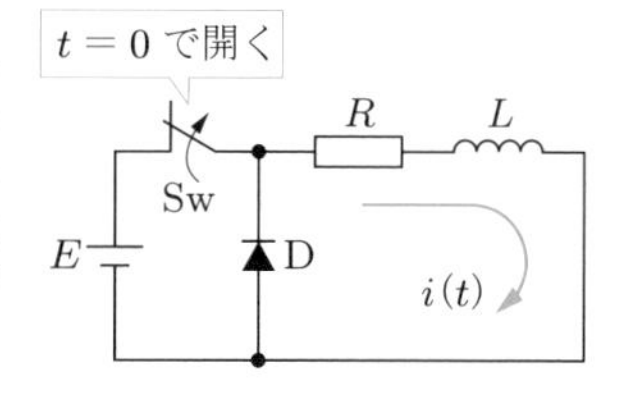

†2　鎖交磁束数の連続性より $Li(0-) = Li(0+)$ である.

定数 L/R に等しくなると，電流の値は初期値の $1/e$ に減少する．

例題 2.1　図 2.7 に示す回路は当初，スイッチ Sw_1 は開いており，スイッチ Sw_2 は閉じていて定常状態にあったとする．時刻 $t=0$ にて Sw_1 を閉じた後，$t=T$ にて Sw_2 を開いたときのインダクタ電流 $i(t)$ の変化の様子を解析せよ．ただし，$T>L/R$ であるとする．

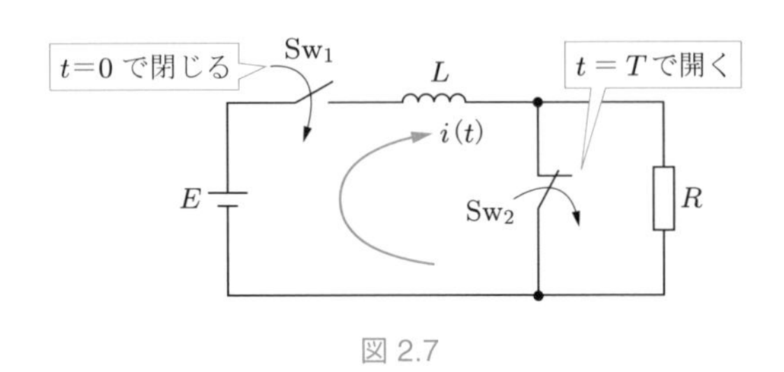

図 2.7

解答　動作は，モード 1（$0 \leq t < T$ のとき）と，モード 2（$t \geq T$ のとき）に分けられる．回路方程式を解いて解を求める前に，電流 $i(t)$ はどのように流れるか，まずは定性的に考えてみよう．$t=0$ で Sw_1 を閉じると，直流電源電圧 E がインダクタに加わるから，$i(t)$ は直線的に増加し続ける．その後，$t=T$ で Sw_2 を開くと，抵抗 R のはたらきにより $i(t)$ の増加は抑えられて，一定値 E/R に落ち着くはずである．

このことを踏まえて，回路方程式を解いてみよう．

モード 1（$0 \leq t < T$ のとき）：

回路方程式は次のようになる．

$$L\frac{\mathrm{d}i(t)}{\mathrm{d}t}=E$$

ただし，$i(0)=0$ である．解は，

$$i(t)=\frac{E}{L}t$$

となる．したがって，このモードにおける最終値は $i(T)=(E/L)T$ となる．

モード 2（$t \geq T$ のとき）：

回路方程式は次のようになる．

$$L\frac{\mathrm{d}i(t)}{\mathrm{d}t}+Ri(t)=E \tag{1}$$

定常解は次のようになる．

$$i_s=\frac{E}{R}$$

方程式 (1) の特性方程式は

$$Lp+R=0$$

で，特性根は $p = -R/L$ だから，過渡解は次のようになる．

$$i_t(t) = Ke^{-\frac{R}{L}t}$$

ここで，K は初期条件で定まる積分定数である．

したがって，解は

$$i(t) = \frac{E}{R} + Ke^{-\frac{R}{L}t}$$

となる．ここで，このモード 2 における初期値は，前のモード 1 における最終値に等しい† から，$t = T$ のとき $i(T) = (E/L)T$ であることを考慮すると，

$$\frac{E}{L}T = \frac{E}{R} + Ke^{-\frac{R}{L}T}$$
$$K = \left(\frac{E}{L}T - \frac{E}{R}\right)e^{+\frac{R}{L}T}$$

となる．ゆえに，次のようになる．

$$i(t) = \frac{E}{R} + \left(\frac{E}{L}T - \frac{E}{R}\right)e^{+\frac{R}{L}T}e^{-\frac{R}{L}t} = \frac{E}{R} + \left(\frac{E}{L}T - \frac{E}{R}\right)e^{-\frac{R}{L}(t-T)}$$

また，この解の初期値は $i(T) = (E/L)T$，最終値は $i(\infty) = E/R$ だから，差をとると，

$$i(T) - i(\infty) = \frac{E}{L}T - \frac{E}{R} = \left(\frac{T}{L} - \frac{1}{R}\right)E$$

となる．条件 $T > L/R$ を考慮すると $(T/L - 1/R) > 0$ となり，$i(T) > i(\infty)$ である．

以上から，解のグラフは図 2.8 のようになる．なお，$T < L/R$ の場合には $i(T) < i(\infty)$ となるので，$t \geq T$ において $i(t)$ は増加の割合が減少して，$t \to \infty$ で最終値 E/R に達する．

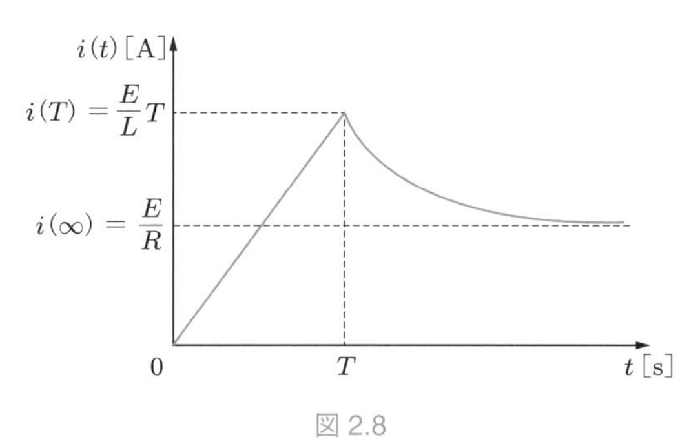

図 2.8

† 正確には，モード 1 における鎖交磁束数の最終値とモード 2 における鎖交磁束数の初期値が等しい．すなわち，連続なのは電流ではなく，インダクタ内の磁束であるが，ここでは，モード 1 における動作対象とモード 2 における動作対象のインダクタは共通なので，結果として電流が連続になる．

2.2 R-C 直列回路（単エネルギー回路）の直流過渡現象

2.2.1 直流電圧でコンデンサを充電する場合

(1) 電荷と電流の式の導出と時定数

図 2.9 のように，抵抗 $R\,[\Omega]$ とコンデンサ $C\,[\mathrm{F}]$ からなる直列回路に，時刻 $t=0$ で直流電圧 $E\,[\mathrm{V}]$ を印加した場合を考え，コンデンサに蓄積される電荷 $q(t)$ と電流 $i(t)$ の変化の様子を解析する．ただし，スイッチを閉じる前にはコンデンサに電荷はなかったものとする．

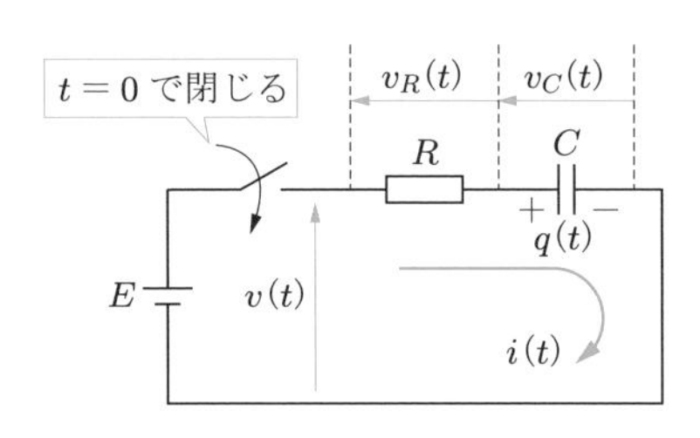

図 2.9　**R-C 直列回路**

図において，

$$\begin{cases} v_R(t) = Ri(t) = R\dfrac{\mathrm{d}q(t)}{\mathrm{d}t} \\ v_C(t) = \dfrac{q(t)}{C} \\ v_R(t) + v_C(t) = E \end{cases} \tag{2.38}$$

だから，未知変数を電荷 $q(t)$ とする回路方程式は次のようになる．

$$R\frac{\mathrm{d}q(t)}{\mathrm{d}t} + \frac{1}{C}q(t) = E \tag{2.39}$$

ただし，**電荷保存則**（**電荷の連続性**）から，$q(0+) = q(0-) = q(0) = 0$ である†．

まず，式 (2.39) の定常解を q_s とすると

$$R\frac{\mathrm{d}q_s}{\mathrm{d}t} + \frac{1}{C}q_s = E \tag{2.40}$$

であり，直流電圧 E に対する蓄積電荷 q_s は一定値になるから $\mathrm{d}q_s/\mathrm{d}t = 0$ なので，次のようになる．

---

† $t=0$ において電荷 $q(t)$ は連続だが電流 $i(t)$ は電荷 $q(t)$ の微分（導関数）で連続ではない．以下に $i(t)$ を求めれば，それが明らかになる．

$$\frac{1}{C}q_s = E$$
$$\therefore q_s = CE \tag{2.41}$$

次に，式 (2.39) の過渡解は同次方程式

$$R\frac{\mathrm{d}q(t)}{\mathrm{d}t} + \frac{1}{C}q(t) = 0 \tag{2.42}$$

の一般解である．

ここで，微分演算子を

$$\frac{\mathrm{d}}{\mathrm{d}t} \to p \tag{2.43}$$

とおくと，次のようになる．

$$Rpq(t) + \frac{1}{C}q(t) = 0$$

形式的に両辺を $q(t)$ で割ると，特性方程式は

$$Rp + \frac{1}{C} = 0 \tag{2.44}$$

となり，特性根は

$$p = -\frac{1}{RC} \tag{2.45}$$

したがって，過渡解は

$$q_t(t) = Ke^{pt} = Ke^{-\frac{1}{RC}t} \tag{2.46}$$

となる．ここで，K は初期条件により定まる定数である．

式 (2.39) の一般解は式 (2.41) と式 (2.46) の和だから，

$$q(t) = CE + Ke^{-\frac{1}{RC}t} \tag{2.47}$$

である．式 (2.47) に初期条件 $q(0) = 0$ を代入すると，次のようになる．

$$K = -CE$$

以上から，電荷の解 $q(t)$ は次式のようになる．

$$q(t) = CE - CEe^{-\frac{1}{RC}t} = CE\left(1 - e^{-\frac{1}{RC}t}\right) \tag{2.48}$$

したがって，電流の式は

$$i(t) = \frac{\mathrm{d}q(t)}{\mathrm{d}t} = \frac{E}{R}e^{-\frac{1}{RC}t} \tag{2.49}$$

となる．ここで，

$$i(0) = i(0+) = \frac{E}{R} \tag{2.50}$$

であり，$i(0-) = 0$ とは異なること，すなわち電流は連続ではないことに留意されたい．

式 (2.48) と式 (2.49) から電荷 $q(t)$ と電流 $i(t)$ の解のグラフを描くと，図 2.10 のようになる†.

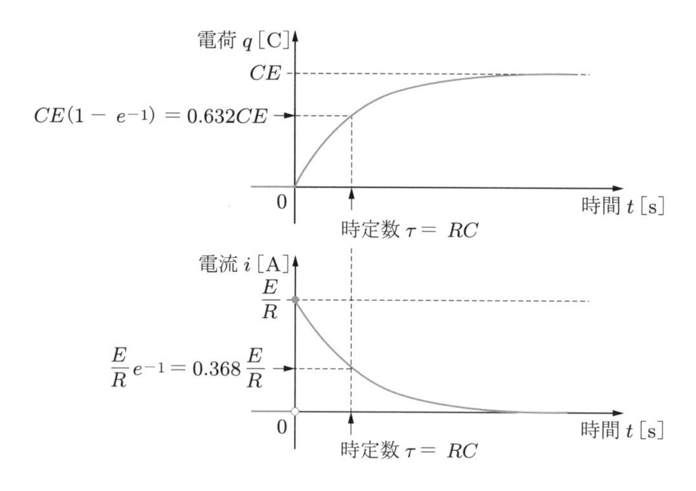

図 2.10　直流電源が印加された ***R*-*C*** 直列回路の過渡応答

時定数 τ は式 (2.48)，(2.49) における $1/e$ の指数 $(1/RC)t$ が 1 となるときの時刻 t の値で，

$$\frac{1}{RC}\tau = 1$$

すなわち，

$$\tau = RC \tag{2.51}$$

である．

時刻 t が時定数 τ に等しいとき，式 (2.48)，(2.49) の値は

$$q(\tau) = CE(1 - e^{-1}) = 0.632\,CE \tag{2.52}$$

† 電流 $i(t)$ は電荷 $q(t)$ の微分（接線の傾き）なので $t = 0$ にて不連続．

$$i(\tau) = \frac{E}{R}e^{-1} = 0.368\frac{E}{R} \tag{2.53}$$

となる．したがって，電流においては初期値（E/R）の 36.8%の値に低下する時刻を表す．

この R-C 直列回路の例では，式 (2.51) から，コンデンサの静電容量 C が大きいほど時定数は大きくなる．C が大きいということは，電荷が溜まるまでの時間が長いということである．機械系に対応させると，ばね定数が大きいことに相当する．また，抵抗 R が大きいほど時定数は大きくなる．R が電荷の移動（すなわち電流）を妨げる度合いが増すからである．

(2)　コンデンサ端子電圧とコンデンサに蓄えられるエネルギー

図 2.9 における抵抗端子電圧 $v_R(t)$ とコンデンサ端子電圧 $v_C(t)$ は，式 (2.49), (2.48) から，

$$v_R(t) = Ri(t) = Ee^{-\frac{R}{L}t} \tag{2.54}$$

$$v_C(t) = \frac{1}{C}q(t) = E\left(1 - e^{-\frac{1}{RC}t}\right) \tag{2.55}$$

である．

$v_R(t)$ と $v_C(t)$ のグラフは図 2.11 のようになり，両者を足せば E となる．

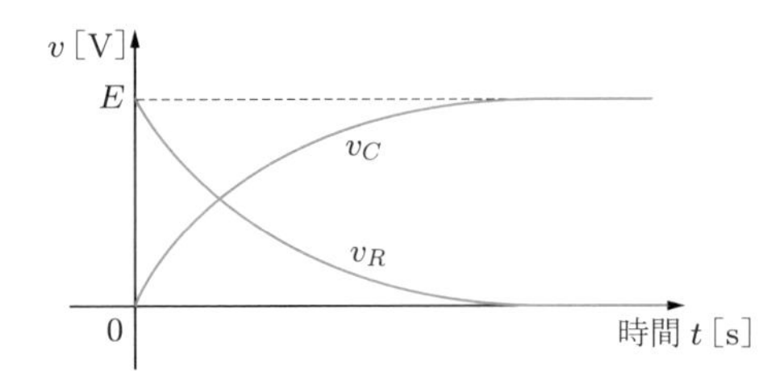

図 2.11　***R-L*** 直列回路における抵抗とインダクタの端子電圧

コンデンサに蓄えられるエネルギー W_C は，式 (2.49) と式 (2.55) から，

$$\begin{aligned} W_C &= \int_0^\infty v_C(t)i(t)\mathrm{d}t = \int_0^\infty E\left(1 - e^{-\frac{1}{RC}t}\right)\frac{E}{R}\,e^{-\frac{1}{RC}t}\mathrm{d}t \\ &= \frac{E^2}{R}\int_0^\infty \left(e^{-\frac{1}{RC}t} - e^{-\frac{2}{RC}t}\right)\mathrm{d}t = \frac{E^2}{R}\left[-RCe^{-\frac{1}{RC}t} + \frac{RC}{2}e^{-\frac{2}{RC}t}\right]_0^\infty \\ &= CE^2\left[-e^{-\frac{1}{RC}t} + \frac{1}{2}e^{-\frac{2}{RC}t}\right]_0^\infty = CE^2\left(-0 + 0 + 1 - \frac{1}{2}\right) = \frac{1}{2}CE^2 \end{aligned} \tag{2.56}$$

となる．この W_C はコンデンサに静電エネルギーとして蓄えられる[†1]．

2.2.2 コンデンサを放電する場合

図 2.12 の R-C 回路において，当初スイッチは a 側に入れられていて定常状態にあったとする．時刻 $t=0$ で瞬時にスイッチを b 側に入れるときの電荷 $q(t)$ と電流 $i(t)$ の変化の様子を解析する．

ここで，電流 $i(t)$ の向きはコンデンサを電源と見たときの端子電圧と同じ向きに仮定していることに留意されたい．仮定した電流 $i(t)$ の向きに応じて，電荷 $q(t)$ の初期値の符号が "+" になるか "−" になるかが変わってくる．

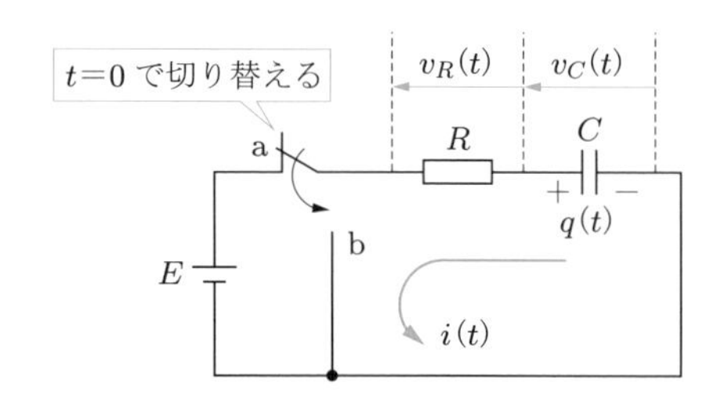

図 2.12　コンデンサが放電する場合の R-C 直列回路

$t \geq 0$ における回路方程式は次のようになる．

$$i(t) = \frac{\mathrm{d}q(t)}{\mathrm{d}t} \tag{2.57}$$

$$R\frac{\mathrm{d}q(t)}{\mathrm{d}t} + \frac{1}{C}q(t) = 0 \tag{2.58}$$

ただし，当初，スイッチは a 側に入れられていて定常状態にあったのだから，コンデンサは図の極性で E [V] に充電されており，

$$q(0) = -CE \tag{2.59}$$

である[†2]．

式 (2.58) の定常解は $q_s(t) = 0$ である．過渡解は式 (2.46) と同様に，

$$q(t) = q_t(t) = Ke^{-\frac{1}{RC}t} \tag{2.60}$$

となる．初期条件 (2.59) を用いて積分定数 K を定めると $K = -CE$ だから，

---

†1　ここでは直流電源が印加されたときの現象を対象にしているので，コンデンサには静電エネルギーが蓄えられるだけだが，交流電源が印加されたときには充電と放電が繰り返される．

†2　図 2.12 において，仮定した電流 $i(t)$ によってコンデンサに蓄えられる電荷の向きは "−+" だが，当初，コンデンサは "+−" の向きに CE で充電されていたから，初期条件としての初期電荷は $-CE$ である．

$$q(t) = -CEe^{-\frac{1}{RC}t} \tag{2.61}$$

となる．電流は次のようになる．

$$i(t) = \frac{\mathrm{d}q(t)}{\mathrm{d}t} = \frac{E}{R}e^{-\frac{1}{RC}t} \tag{2.62}$$

式 (2.61)，(2.62) から解 $q(t)$，$i(t)$ のグラフを描くと，図 2.13 のようになる．

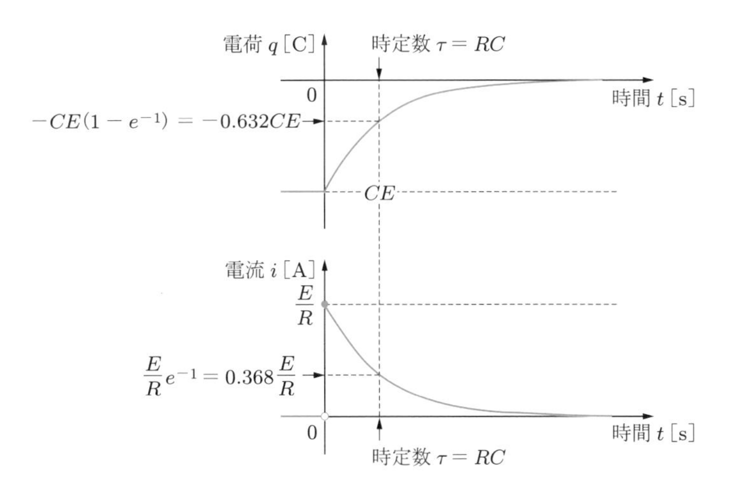

図 2.13　コンデンサが放電する場合の R-C 直列回路の過渡応答波形

例題 2.2　図 2.14 の回路において当初，コンデンサは充電されておらず，スイッチは a 側にも b 側にも入れられていなかったとする．時刻 $t = 0$ でスイッチを a 側に入れ，その後 $t = T$ で b 側に入れるときのコンデンサ端子電圧 $v(t)$ の変化の様子を解析せよ．

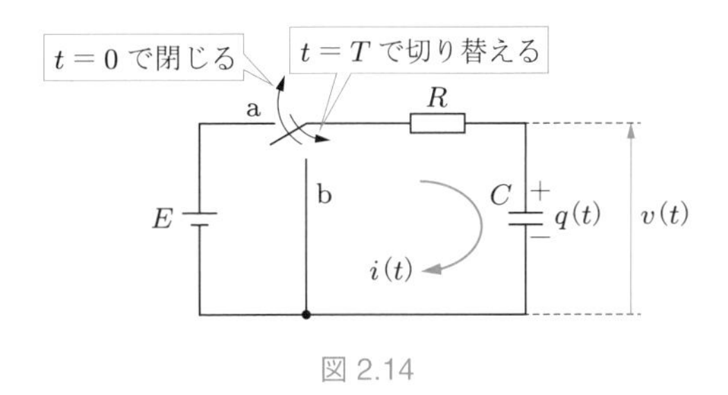

図 2.14

解答　動作は，モード 1（$0 \leq t < T$ のとき）と，モード 2（$t \geq T$ のとき）に分けられる．

回路方程式を解いて解を求める前に，コンデンサ端子電圧 $v(t)$ はどのように変化するか，まずは定性的に考えてみよう．$t = 0$ でスイッチを a 側に入れると，コンデンサ C は抵抗 R を介して充電され始め，$v(t)$ は E [V] に向かって徐々に増加する．次に，$t = T$ でスイッチを b 側に入れると，コンデンサ C は抵抗 R を介して放電され始め，$v(t)$ は 0 [V] に向かって徐々に減少することになる．

このことを踏まえて，回路方程式を解いてみよう．

モード 1（$0 \leq t < T$ のとき）：

コンデンサを出入りする電荷を $q(t)$，流れる電流を $i(t)$ とすると，$i(t) = \mathrm{d}q(t)/\mathrm{d}t$ だから，回路方程式は

$$R\frac{\mathrm{d}q(t)}{\mathrm{d}t} + \frac{1}{C}q(t) = E$$

となる．ここで，$q(t) = Cv(t)$ だから，

$$RC\frac{\mathrm{d}v(t)}{\mathrm{d}t} + v(t) = E \tag{1}$$

となる．ただし，$v(0) = 0$ である．

定常解は次のようになる．

$$v_s = E$$

方程式 (1) の特性方程式は

$$RCp + 1 = 0$$

で，特性根は $p = -1/RC$ だから，過渡解は次のようになる．

$$v_t(t) = K_1 e^{-\frac{1}{RC}t}$$

ここで，K_1 は初期条件で定まる定数である．

したがって，解は

$$v(t) = E + K_1 e^{-\frac{1}{RC}t}$$

となる．ここで，$v(0) = 0$ より

$$K_1 + E = 0, \quad \therefore K_1 = -E$$

だから，解は

$$v(t) = E - Ee^{-\frac{1}{RC}t}$$

となる．ゆえに，$t = T$ における解の値（モード 1 の最終値）を V_T とすると，次のようになる．

$$v(T) = V_T = E - Ee^{-\frac{T}{RC}}$$

モード 2（$t \geq T$ のとき）：

回路方程式は次のようになる．

$$RC\frac{\mathrm{d}v(t)}{\mathrm{d}t}+v(t)=0$$

定常解 $v_s(t)=0$ である．過渡解は

$$v_t(t)=K_2e^{-\frac{1}{RC}t}$$

となる．ここで，K_2 は初期条件で定まる定数である．

したがって，解は

$$v(t)=K_2e^{-\frac{1}{RC}t}$$

となる．このモード 2 における初期値は，$v(T)=V_T$ より

$$K_2e^{-\frac{T}{RC}}=V_T,\quad \therefore K_2=V_Te^{+\frac{T}{RC}}$$

だから，解は次のようになる．

$$v(t)=V_Te^{+\frac{T}{RC}}e^{-\frac{1}{RC}t}=V_Te^{-\frac{1}{RC}(t-T)}=\left(E-Ee^{-\frac{T}{RC}}\right)e^{-\frac{1}{RC}(t-T)}$$

以上から，解のグラフは図 2.15 のようになる．

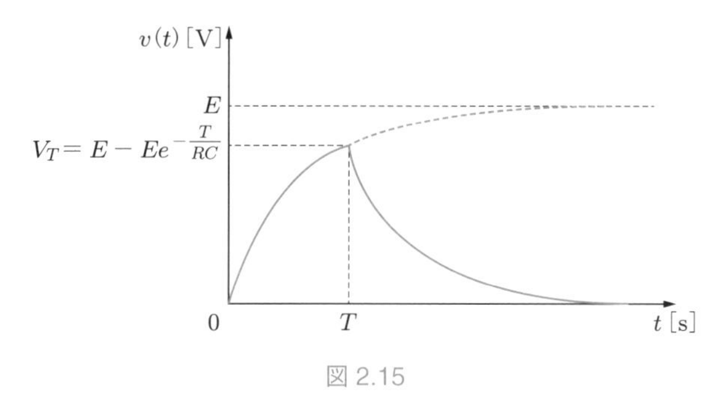

図 2.15

2.3 L-C 直列回路（無損失複エネルギー回路）の直流過渡現象

2.3.1 直流電圧を印加する場合の L-C 直列回路の過渡現象解析

図 2.16 のように，インダクタ L [H] とコンデンサ C [F] からなる直列回路に，時刻 $t=0$ で直流電圧 E [V] を印加した場合を考え，コンデンサに蓄積される電荷 $q(t)$ と電流 $i(t)$ の変化の様子を解析する．ただし，スイッチを閉じる前にはコンデンサに電荷はなかったものとする．

図において，

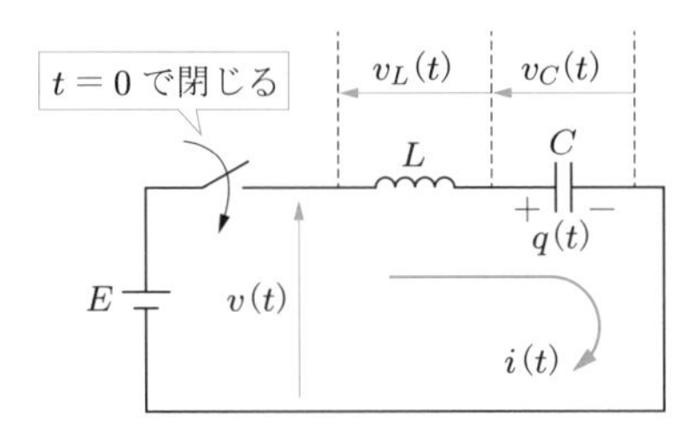

図 2.16　**L-C 直列回路**

$$\begin{cases} v_L(t) = L\dfrac{\mathrm{d}i(t)}{\mathrm{d}t} = L\dfrac{\mathrm{d}}{\mathrm{d}t}\left(\dfrac{\mathrm{d}q(t)}{\mathrm{d}t}\right) = L\dfrac{\mathrm{d}^2q(t)}{\mathrm{d}t^2} \\ v_C(t) = \dfrac{q(t)}{C} \\ v_L(t) + v_C(t) = E \end{cases} \tag{2.63}$$

だから，未知変数を電荷 $q(t)$ とする回路方程式は次のようになる．

$$L\frac{\mathrm{d}^2q(t)}{\mathrm{d}t^2} + \frac{1}{C}q(t) = E \tag{2.64}$$

ただし，**電荷の連続性**から，$t = 0+$ のときの電荷 $q(0+)$（第 2 種初期条件）は $t = 0-$ のときの電荷 $q(0-)$（第 1 種初期条件）に等しく，$q(0+) = q(0-) = q(0)$ である．また，**鎖交磁束数の連続性**から，$t = 0+$ のときの鎖交磁束数 $Li(0+)$（第 2 種初期条件）は $t = 0-$ のときの鎖交磁束数 $Li(0-)$（第 1 種初期条件）に等しいので，$Li(0+) = Li(0-)$ である．すなわち，$i(0+) = i(0-) = i(0)$ である．

ここでは，スイッチを閉じる前にはコンデンサに電荷はなかったので，電荷に関する初期条件を

$$q(0) = 0 \tag{2.65}$$

と表す．また，当初，電流は流れていなかったので

$$i(0) = \left.\frac{\mathrm{d}q(t)}{\mathrm{d}t}\right|_{t=0} = 0 \tag{2.66}$$

である．式 (2.64) は定数係数 2 階線形微分方程式であるが，1 階微分の項がない．これは，図 2.16 に示した回路に抵抗 R がない，つまり無損失回路を考えているからである．もちろん，通常はあり得ない回路だが，電気回路の過渡現象を理解する入門として，この回路の振る舞いを考えてみよう．

まず，式 (2.64) の定常解を q_s とすると

$$L\frac{\mathrm{d}^2 q_s}{\mathrm{d}t^2}+\frac{1}{C}q_s=E \tag{2.67}$$

であり，直流電圧 E に対する蓄積電荷 q_s は一定値になるから $\mathrm{d}q_s/\mathrm{d}t=0$, $\mathrm{d}^2q_s/\mathrm{d}t^2=0$ なので，次のようになる．

$$\frac{1}{C}q_s=E$$

$$\therefore q_s=CE \tag{2.68}$$

次に，式 (2.64) の過渡解は同次方程式

$$L\frac{\mathrm{d}^2 q(t)}{\mathrm{d}t^2}+\frac{1}{C}q(t)=0$$

の一般解であり，微分演算子を p とおくと特性方程式

$$Lp^2+\frac{1}{C}=0 \tag{2.69}$$

が得られる．この式から，特性根は

$$p=\pm j\frac{1}{\sqrt{LC}} \tag{2.70}$$

となるので，過渡解は

$$q_t(t)=K_1e^{j\frac{1}{\sqrt{LC}}t}+K_2e^{-j\frac{1}{\sqrt{LC}}t} \tag{2.71}$$

と表される．ここで，K_1，K_2 は初期条件で定まる定数である．

オイラーの式を用いて指数関数を三角関数に書き換えると，次のようになる．

$$\begin{aligned}q_t(t)&=K_1\left(\cos\frac{1}{\sqrt{LC}}t+j\sin\frac{1}{\sqrt{LC}}t\right)+K_2\left(\cos\frac{1}{\sqrt{LC}}t-j\sin\frac{1}{\sqrt{LC}}t\right)\\&=(K_1+K_2)\cos\frac{1}{\sqrt{LC}}t+j(K_1-K_2)\sin\frac{1}{\sqrt{LC}}t\end{aligned}$$

ここで，改めて

$$A=K_1+K_2,\quad B=j(K_1-K_2)$$

とおき直すと，

$$q_t(t)=A\cos\frac{1}{\sqrt{LC}}t+B\sin\frac{1}{\sqrt{LC}}t \tag{2.72}$$

と表すことができる．

電荷の解は式 (2.68) と (2.72) の和であるから，

$$q(t) = CE + A\cos\frac{1}{\sqrt{LC}}t + B\sin\frac{1}{\sqrt{LC}}t \tag{2.73}$$

となる．また，電流の解は

$$i(t) = \frac{\mathrm{d}q(t)}{\mathrm{d}t} = \frac{1}{\sqrt{LC}}\left(-A\sin\frac{1}{\sqrt{LC}}t + B\cos\frac{1}{\sqrt{LC}}t\right) \tag{2.74}$$

である．

定数 A と B を求めるために初期条件 (2.65)，(2.66) を用いると，

$$\begin{cases} CE + A = 0 \\ B = 0 \end{cases}$$

だから，$A = -CE$，$B = 0$ となる．したがって，次のようになる．

$$q(t) = CE - CE\cos\frac{1}{\sqrt{LC}}t = CE\left(1 - \cos\frac{1}{\sqrt{LC}}t\right) \tag{2.75}$$

$$i(t) = \frac{CE}{\sqrt{LC}}\sin\frac{1}{\sqrt{LC}}t = \sqrt{\frac{C}{L}}E\sin\frac{1}{\sqrt{LC}}t \tag{2.76}$$

解 $q(t)$，$i(t)$ のグラフの概形は，図 2.17 のようになる．

図において，時刻 t が周期 T [s] のとき，$(1/\sqrt{LC})t$ は 2π [rad] となるので，

$$\frac{1}{\sqrt{LC}}T = 2\pi$$

から，

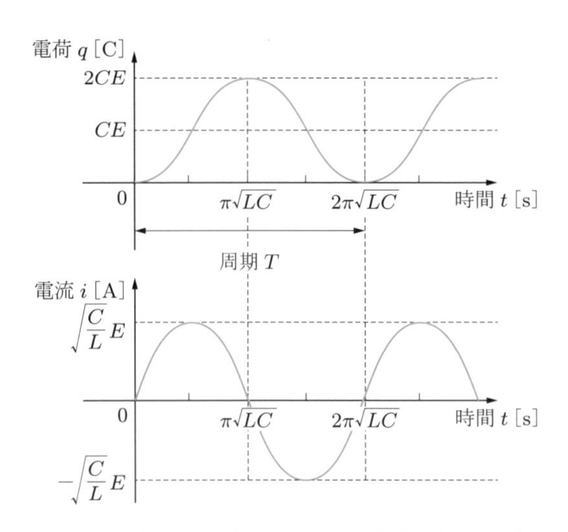

図 2.17　直流電源が印加された L-C 直列回路の過渡応答

$$T = 2\pi\sqrt{LC} \tag{2.77}$$

となる．

図 2.17 から，次のことがわかる．

- 電荷 $q(t)$ は定常解 CE を中心として振幅 CE で振動を持続する．
- 電流 $i(t)$ は $i = 0$ を中心として振幅 $E\sqrt{C/L}$ で振動を持続する．

つまり，インダクタに蓄えられる磁気エネルギーとコンデンサに蓄えられる静電エネルギーが永遠に行き来し，$t \to \infty$ においても電荷 $q(t)$ は定常解 CE に収束せず，電流 $i(t)$ は 0 にならない．これは，この項の冒頭に述べたように，図 2.16 の回路が抵抗を含まない無損失回路だからである．このことは次項 (2) における解析から，より一層明らかになる．なお，実際の回路では必ず抵抗分が存在するから，いつかは，電荷 $q(t)$ は定常解 CE に収束し，電流 $i(t)$ は 0 になる，すなわち減衰振動となることが予想できよう．

2.3.2 L-C 放電回路の過渡現象解析と瞬時電力

(1) L-C 放電回路の過渡現象解析

図 2.18 のように，電圧 V_0 であらかじめ充電されたコンデンサ C [F] に，スイッチを介してインダクタ L [H] を接続し，時刻 $t = 0$ でスイッチを閉じる場合を考える．

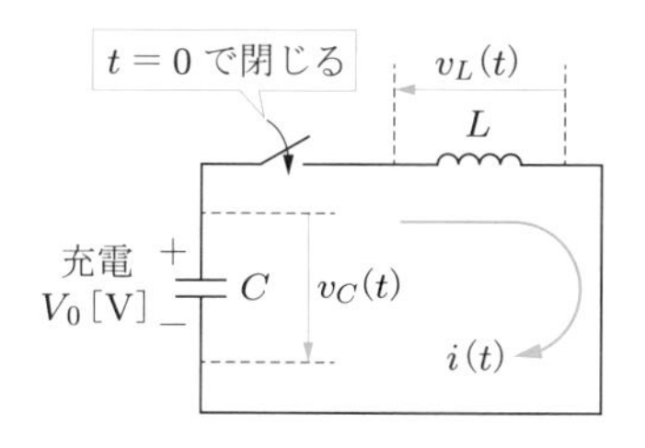

図 2.18　L-C 放電回路

図において，電源はなく，

$$\begin{cases} v_L(t) = L\dfrac{\mathrm{d}i(t)}{\mathrm{d}t} = L\dfrac{\mathrm{d}}{\mathrm{d}t}\left(\dfrac{\mathrm{d}q(t)}{\mathrm{d}t}\right) = L\dfrac{\mathrm{d}^2q(t)}{\mathrm{d}t^2} \\ v_C(t) = \dfrac{q(t)}{C} \\ v_L(t) + v_C(t) = 0 \end{cases} \tag{2.78}$$

だから，未知変数を電荷 $q(t)$ とする回路方程式は，次のようになる．

$$L\frac{\mathrm{d}^2q(t)}{\mathrm{d}t^2} + \frac{1}{C}q(t) = 0 \tag{2.79}$$

コンデンサはあらかじめ電圧 V_0 で充電されていたのだから，当初蓄えられていた電荷は CV_0 である．ただし，電流 $i(t)$ を図 2.18 のように仮定したので，コンデンサに充電されていた電圧 V_0 の極性は電流 $i(t)$ によって生じる電圧降下 $v_C(t)$ の極性と逆になる．

したがって，初期電荷 CV_0 の符号はマイナスになり，

$$q(0) = -CV_0 \tag{2.80}$$

である．また，当初，電流は流れていなかったので，

$$i(0) = \left.\frac{\mathrm{d}q(t)}{\mathrm{d}t}\right|_{t=0} = 0 \tag{2.81}$$

となる．式 (2.79) において右辺は 0 なので，定常解は $q_s(t) = 0$ である．

過渡解の求め方は前項と同じで，過渡解 $q_t(t)$ は式 (2.72) と同様であり，A，B を定数とすると，解は

$$q(t) = A\cos\frac{1}{\sqrt{LC}}t + B\sin\frac{1}{\sqrt{LC}}t \tag{2.82}$$

$$i(t) = \frac{\mathrm{d}q(t)}{\mathrm{d}t} = \frac{1}{\sqrt{LC}}\left(-A\sin\frac{1}{\sqrt{LC}}t + B\cos\frac{1}{\sqrt{LC}}t\right) \tag{2.83}$$

である．

ここで，初期条件 (2.80)，(2.81) を用いると，

$$\begin{cases} A = -CV_0 \\ B = 0 \end{cases}$$

だから，

$$q(t) = -CV_0\cos\frac{1}{\sqrt{LC}}t \tag{2.84}$$

$$i(t) = \frac{CV_0}{\sqrt{LC}}\sin\frac{1}{\sqrt{LC}}t = \sqrt{\frac{C}{L}}V_0\sin\frac{1}{\sqrt{LC}}t \tag{2.85}$$

となる．式 (2.84)，(2.85) で表される解 $q(t)$，$i(t)$ のグラフは，図 2.19 のようになる．この図から，次のことがわかる．

- 電荷 $q(t)$ は $q(t) = 0$ を中心として振幅 CV_0 で振動を持続する．
- 電流 $i(t)$ は $i(t) = 0$ を中心として振幅 $V_0\sqrt{C/L}$ で振動を持続する．

つまり，コンデンサに蓄えられた静電エネルギーとインダクタに蓄えられる磁気エネルギーが永遠に行き来し，$t \to \infty$ においても電荷 $q(t)$，電流 $i(t)$ は 0 にならない．なお，実際の回路では必ず抵抗分が存在するから，いつかは，電荷 $q(t)$ は減少して電流

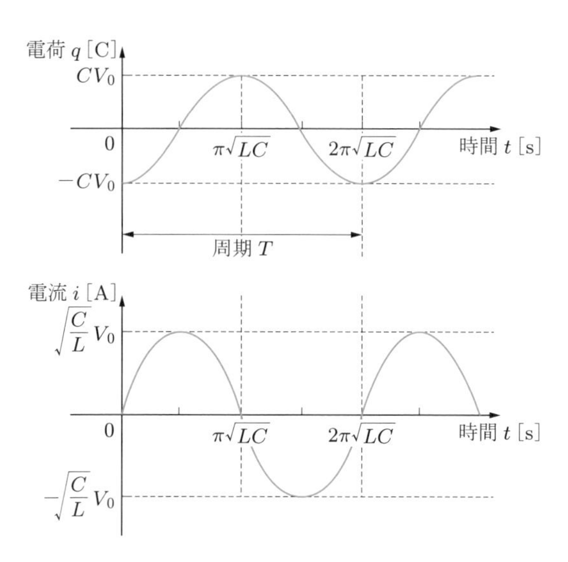

図 2.19 ***L*-*C* 放電回路の過渡応答**

$i(t)$ は 0 に向かう，減衰振動となる．

(2) コンデンサとインダクタにおける瞬時電力

コンデンサ C における瞬時電力 $p_C(t)$ は，次のようになる．

$$\begin{aligned}
p_C(t) &= v_C(t)i(t) = \frac{q(t)}{C}i(t) = \frac{1}{C}\left(-CV_0\cos\frac{1}{\sqrt{LC}}t\right)\sqrt{\frac{C}{L}}V_0\sin\frac{1}{\sqrt{LC}}t \\
&= -\sqrt{\frac{C}{L}}V_0^2\sin\frac{1}{\sqrt{LC}}t\cdot\cos\frac{1}{\sqrt{LC}}t \\
&= -\frac{1}{2}\sqrt{\frac{C}{L}}V_0^2\cdot 2\sin\frac{1}{\sqrt{LC}}t\cdot\cos\frac{1}{\sqrt{LC}}t \\
&= -\frac{1}{2}\sqrt{\frac{C}{L}}V_0^2\sin\frac{2}{\sqrt{LC}}t
\end{aligned} \tag{2.86}$$

インダクタ L における瞬時電力 $p_L(t)$ は，次のようになる．

$$\begin{aligned}
p_L(t) &= v_L(t)i(t) = L\frac{\mathrm{d}i(t)}{\mathrm{d}t}i(t) \\
&= L\sqrt{\frac{C}{L}}V_0\frac{1}{\sqrt{LC}}\cdot\cos\frac{1}{\sqrt{LC}}t\cdot\sqrt{\frac{C}{L}}V_0\sin\frac{1}{\sqrt{LC}}t \\
&= \sqrt{\frac{C}{L}}V_0^2\sin\frac{1}{\sqrt{LC}}t\cdot\cos\frac{1}{\sqrt{LC}}t
\end{aligned}$$

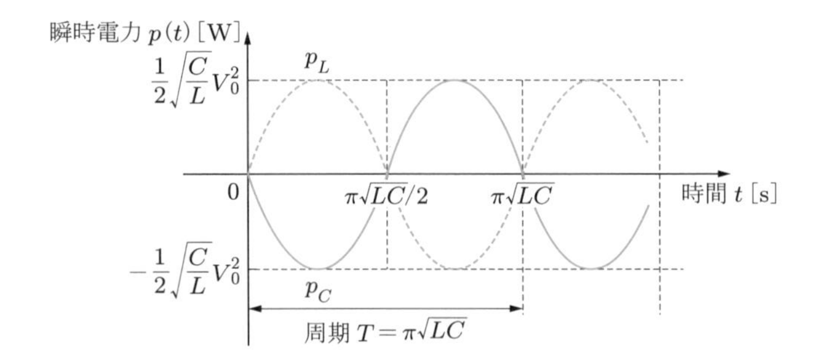

図 2.20　***L-C*** 放電回路における瞬時電力

$$= \frac{1}{2}\sqrt{\frac{C}{L}}V_0^2 \cdot 2\sin\frac{1}{\sqrt{LC}}t \cdot \cos\frac{1}{\sqrt{LC}}t = \frac{1}{2}\sqrt{\frac{C}{L}}V_0^2 \cdot \sin\frac{2}{\sqrt{LC}}t \quad (2.87)$$

式 (2.86)，(2.87) から $p_C(t)$ と $p_C(t)$ のグラフを描くと，図 2.20 のようになる．この図から次のことがわかる．

- コンデンサから静電エネルギーが放出されているとき（$p_C(t) \leq 0$），インダクタへ磁気エネルギーが蓄えられる（$p_L(t) \geq 0$）．
- インダクタから磁気エネルギーが放出されているとき（$p_L(t) \leq 0$），コンデンサへ静電エネルギーが蓄えられる（$p_C(t) \geq 0$）．
- この現象は周期 $\pi\sqrt{LC}$ [s] で繰り返され，エネルギーの授受が持続する．なお，瞬時電力の振動周期は電荷 $q(t)$，電流 $i(t)$ の振動周期の 1/2 である．

なお，すでに述べたとおり，回路に抵抗分があるときにはいずれエネルギーは消費され，0 となる．

例題 2.3　図 2.21 に示す回路は当初，スイッチ Sw_1 は開いており，スイッチ Sw_2 は閉じていて定常状態にあったとする．時刻 $t=0$ で Sw_1 を閉じた後，$t=T_0$ で Sw_2 を開いたときのインダクタ電流 $i(t)$ とコンデンサ端子電圧 $v(t)$ の変化の様子を解析せよ．ただし，当初，コンデンサに電荷はなかったものとする．

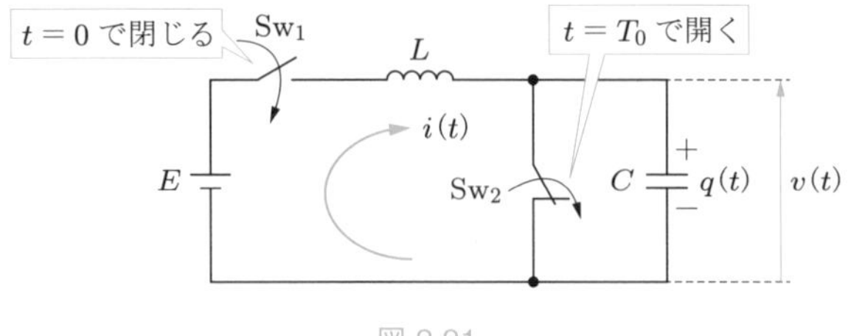

図 2.21

解答　動作は，モード 1（$0 \leq t < T_0$ のとき）と，モード 2（$t \geq T_0$ のとき）に分けられる．

回路方程式を解いて解を求める前に，インダクタ電流 $i(t)$ とコンデンサ端子電圧 $v(t)$ はどのようになるか，まずは定性的に考えてみよう．$t = 0$ で Sw_1 を閉じると，直流電源電圧 E がインダクタに加わるから $i(t)$ は直線的に増加し続け，インダクタには磁気エネルギーが蓄積される．なお，このときコンデンサは Sw_2 により短絡されているので，$v(t)$ は 0 である．その後，$t = T_0$ で Sw_2 を開くと，インダクタに蓄えられたエネルギーがコンデンサの静電エネルギーに変化する．そして，次のサイクルでコンデンサに蓄えられた静電エネルギーは磁気エネルギーに再変換される．回路には抵抗が接続されておらず損失がないので，この動作が永遠に繰り返される．その結果，インダクタ電流 $i(t)$ とコンデンサ端子電圧 $v(t)$ は回路の固有周波数で振動する．

このことを踏まえて，回路方程式を解いてみよう．

モード 1（$0 \leq t < T_0$ のとき）：

回路方程式は次のようになる．

$$L\frac{\mathrm{d}i(t)}{\mathrm{d}t} = E$$

ただし，$i(0) = 0$ である．解は，

$$i(t) = \frac{E}{L}t$$

$$v(t) = 0$$

となる．したがって，このモードにおける最終値を I_0 とすると，$i(T_0) = I_0 = (E/L)T_0$ となる．

モード 2（$t \geq T_0$ のとき）：

簡単化のため，モード 2 における時間変数 t の原点を，モード 1 における原点よりも T_0 だけ遅らせた（右に推移した）時間変数 $t' = t - T_0$ で考える．

コンデンサの電荷を $q(t)$，流れる電流を $i(t)$ とすると，回路方程式は

$$L\frac{\mathrm{d}i(t')}{\mathrm{d}t'} + \frac{1}{C}q(t') = E$$

となる．$i(t) = \mathrm{d}q(t')/\mathrm{d}t'$ だから，次のようになる．

$$L\frac{\mathrm{d}^2q(t')}{\mathrm{d}t'^2} + \frac{1}{C}q(t') = E$$

定常解は $q_s/C = E$ より，$q_s = CE$ である．また，この方程式の特性方程式は

$$Lp^2 + \frac{1}{C} = 0$$

で，特性根は $p = \pm j/\sqrt{LC}$ だから，過渡解は

$$q_t(t') = K_1 e^{+j\frac{1}{\sqrt{LC}}t'} + K_2 e^{-j\frac{1}{\sqrt{LC}}t'}$$

となる．ここで，K_1，K_2 は初期条件で定まる定数である．オイラーの式を使って複素指

数関数を三角関数で表し，$A_1 = K_1 + K_2$，$B_2 = j(K_1 - K_2)$ とおき直すと，

$$q_t(t) = A_1 \cos \frac{1}{\sqrt{LC}} t' + B_2 \sin \frac{1}{\sqrt{LC}} t'$$

となる．

したがって，解は次のようになる．

$$q(t') = CE + A\cos\frac{1}{\sqrt{LC}}t' + B\sin\frac{1}{\sqrt{LC}}t'$$
$$i(t') = \frac{\mathrm{d}q(t')}{\mathrm{d}t'} = \frac{1}{\sqrt{LC}}\left(-A\sin\frac{1}{\sqrt{LC}}t' + B\cos\frac{1}{\sqrt{LC}}t'\right)$$
$$v(t') = \frac{q(t')}{C}$$

ここで，A，B は初期条件で定まる定数である．このモード 2 における初期値は，前のモード 1 における最終値に等しいから，

$$q(0) = 0, \quad i(0) = I_0$$

なので，

$$\begin{cases} A + CE = 0 \\ \dfrac{B}{\sqrt{LC}} = I_0 \end{cases} \qquad \therefore A = -CE, \quad B = I_0\sqrt{LC} = \frac{E}{L}T_0\sqrt{LC} = \frac{T_0}{\sqrt{LC}}CE$$

である．したがって，次のようになる．

$$\begin{aligned} q(t') &= CE - CE\cos\frac{1}{\sqrt{LC}}t' + \frac{T_0}{\sqrt{LC}}CE\sin\frac{1}{\sqrt{LC}}t' \\ &= CE\left(1 + \frac{T_0}{\sqrt{LC}}\sin\frac{1}{\sqrt{LC}}t' - \cos\frac{1}{\sqrt{LC}}t'\right) \\ i(t') &= \frac{1}{\sqrt{LC}}\left(CE\sin\frac{1}{\sqrt{LC}}t' + \frac{T_0}{\sqrt{LC}}CE\cos\frac{1}{\sqrt{LC}}t'\right) \\ &= \sqrt{\frac{C}{L}}E\left(\sin\frac{1}{\sqrt{LC}}t' + \frac{T_0}{\sqrt{LC}}\cos\frac{1}{\sqrt{LC}}t'\right) \\ v(t') &= E\left(1 + \frac{T_0}{\sqrt{LC}}\sin\frac{1}{\sqrt{LC}}t' - \cos\frac{1}{\sqrt{LC}}t'\right) \end{aligned}$$

$t' = t - T_0$ なので，モード 2 における時間変数 t の原点をモード 1 の原点に統一して表記すると，

$$\begin{aligned} i(t) &= \sqrt{\frac{C}{L}}E\left\{\sin\frac{1}{\sqrt{LC}}(t - T_0) + \frac{T_0}{\sqrt{LC}}\cos\frac{1}{\sqrt{LC}}(t - T_0)\right\} \\ v(t) &= E\left\{1 + \frac{T_0}{\sqrt{LC}}\sin\frac{1}{\sqrt{LC}}(t - T_0) - \cos\frac{1}{\sqrt{LC}}(t - T_0)\right\} \end{aligned}$$

となる．以上から，$i(t)$ は $0 \leq t < T_0$ において 0 から直線状に増加し，$t \geq T_0$ において正弦波状に振動する．また，$v(t)$ は $t \geq T_0$ において 0 を初期値とし，E を中心にして正弦波状に振動する．なお，コンデンサを短絡しない場合（$T_0 = 0$ の場合）は，モード 1 がなく，

$$i(t) = \sqrt{\frac{C}{L}} E \sin \frac{1}{\sqrt{LC}} t$$
$$v(t) = E\left(1 - \cos \frac{1}{\sqrt{LC}} t\right)$$

となる．この場合は，2.3.1 項で述べた現象と同じになる．

2.4　R-L-C 直列回路（損失がある複エネルギー回路）の直流過渡現象解析

図 2.22 のように，抵抗 $R\,[\Omega]$，インダクタ $L\,[\mathrm{H}]$，コンデンサ $C\,[\mathrm{F}]$ からなる直列回路に時刻 $t = 0$ で直流電圧 $E\,[\mathrm{V}]$ を印加した場合を考え，コンデンサに蓄積される電荷 $q(t)$ と流れる電流 $i(t)$ の変化の様子を解析する．ただし，スイッチを閉じる前にはコンデンサに電荷はなかったものとする．図 2.22 の回路は，図 2.16 の回路に抵抗 R が付加された回路である．

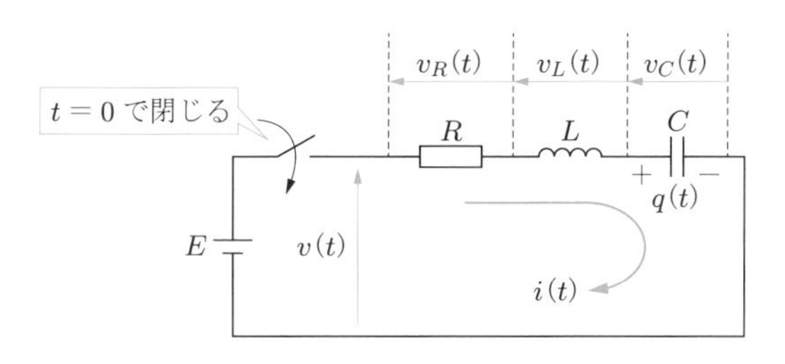

図 2.22　**R-L-C 直列回路**

図において，

$$\begin{cases} v_R(t) = R\,i(t) = R\dfrac{\mathrm{d}q(t)}{\mathrm{d}t} \\ v_L(t) = L\dfrac{\mathrm{d}i(t)}{\mathrm{d}t} = L\dfrac{\mathrm{d}}{\mathrm{d}t}\left(\dfrac{\mathrm{d}q(t)}{\mathrm{d}t}\right) = L\dfrac{\mathrm{d}^2 q(t)}{\mathrm{d}t^2} \\ v_C(t) = \dfrac{q(t)}{C} \\ v_R(t) + v_L(t) + v_C(t) = E \end{cases} \tag{2.88}$$

だから，未知変数を電荷 $q(t)$ とする回路方程式は次のようになる．

$$L\frac{\mathrm{d}^2q(t)}{\mathrm{d}t^2}+R\frac{\mathrm{d}q(t)}{\mathrm{d}t}+\frac{1}{C}q(t)=E \tag{2.89}$$

ここで，2.3.1 項で述べたように，初期条件は

$$q(0)=0 \tag{2.90}$$

$$i(0)=\left.\frac{\mathrm{d}q(t)}{\mathrm{d}t}\right|_{t=0}=0 \tag{2.91}$$

である．

まず，定常解 q_s を求めよう．式 (2.89) において，右辺（入力項）は一定値 E なので，$t\to\infty$ のときの定常解も一定値となるから，定常解の 1 階微分，2 階微分は 0 となり，次のようになる．

$$q_s=CE \tag{2.92}$$

次に，式 (2.89) の過渡解は，同次方程式

$$L\frac{\mathrm{d}^2q(t)}{\mathrm{d}t^2}+R\frac{\mathrm{d}q(t)}{\mathrm{d}t}+\frac{1}{C}q(t)=0 \tag{2.93}$$

の一般解であり，微分演算子を p とおくと，次の特性方程式が得られる．

$$Lp^2+Rp+\frac{1}{C}=0 \tag{2.94}$$

この式から，特性根は

$$p=\frac{-R\pm\sqrt{R^2-4L/C}}{2L}=-\frac{R}{2L}\pm\sqrt{\left(\frac{R}{2L}\right)^2-\frac{1}{LC}} \tag{2.95}$$

となる．

ここで，定数係数線形 2 階微分方程式 (2.95) における根号（$\sqrt{\ }$）の中の値が負，正，0 の場合に応じて，解が振動性，非振動性，臨界に分かれる．いい換えると，特性方程式 (2.94) の**判別式**に依存することになる．

(a)　特性方程式 (2.94) の判別式が負（$(R/2L)^2<1/LC$）の場合

この場合，電流を抑制するようにはたらく抵抗 R の値が小さいと考えてよい．式 (2.95) の根号の中の第 1 項と第 2 項を入れ替えて符号を反転させ，

$$p=-\frac{R}{2L}\pm\sqrt{-\left\{\frac{1}{LC}-\left(\frac{R}{2L}\right)^2\right\}}=-\frac{R}{2L}\pm j\sqrt{\frac{1}{LC}-\left(\frac{R}{2L}\right)^2}$$

と変形し，

$$\alpha = \frac{R}{2L} \quad \text{（正の実数）} \tag{2.96}$$

$$\omega = \sqrt{\frac{1}{LC} - \left(\frac{R}{2L}\right)^2} = \sqrt{\frac{1}{LC} - \alpha^2} \quad \text{（正の実数）} \tag{2.97}$$

とおくと，

$$p = -\alpha \pm j\omega \tag{2.98}$$

と表すことができる．過渡解は

$$q_t(t) = K_1 e^{(-\alpha + j\omega)t} + K_2 e^{(-\alpha - j\omega)t} = e^{-\alpha t}\left(K_1 e^{j\omega t} + K_2 e^{-j\omega t}\right) \tag{2.99}$$

となる．ここで，K_1，K_2 は初期条件で定まる定数である．

2.3.1 項で行った式の変形と同様に，オイラーの式を用いて指数関数を三角関数に書き換え，新たな任意定数 $A = K_1 + K_2$，$B = j(K_1 - K_2)$ とすると，次式が得られる．

$$q_t(t) = e^{-\alpha t}\left(A\cos\omega t + B\sin\omega t\right) \tag{2.100}$$

したがって，電荷の一般解は

$$q(t) = q_s + q_t(t) = CE + e^{-\alpha t}\left(A\cos\omega t + B\sin\omega t\right) \tag{2.101}$$

で，電流の一般解は

$$i(t) = \frac{\mathrm{d}q(t)}{dt} = e^{-\alpha t}\left\{(\omega B - \alpha A)\cos\omega t - (\omega A + \alpha B)\sin\omega t\right\} \tag{2.102}$$

となる．初期条件 (2.90)，(2.91) を用いると，

$$\begin{cases} CE + A = 0 \\ \omega B - \alpha A = 0 \end{cases}$$

だから，$A = -CE$，$B = -(\alpha/\omega)CE$ である．したがって，次のようになる．

$$\begin{aligned} q(t) &= CE + e^{-\alpha t}\left(-CE\cos\omega t - \frac{\alpha}{\omega}CE\sin\omega t\right) \\ &= CE - CEe^{-\alpha t}\left(\cos\omega t + \frac{\alpha}{\omega}\sin\omega t\right) \\ &= CE\left\{1 - e^{-\alpha t}\left(\cos\omega t + \frac{\alpha}{\omega}\sin\omega t\right)\right\} \end{aligned} \tag{2.103}$$

$$i(t) = -e^{-\alpha t}(\omega A + \alpha B)\sin\omega t = -e^{-\alpha t}\left(-\omega CE - \alpha\frac{\alpha}{\omega}CE\right)\sin\omega t$$

$$= \frac{\alpha^2 + \omega^2}{\omega} CEe^{-\alpha t} \sin \omega t = \frac{\alpha^2 + 1/LC - \alpha^2}{\omega} CEe^{-\alpha t} \sin \omega t$$
$$= \frac{E}{\omega L} e^{-\alpha t} \sin \omega t \qquad (2.104)$$

式 (2.103)，(2.104) で表される解 $q(t)$，$i(t)$ は，減衰指数関数を包絡線とする三角関数となり，グラフの概形は図 2.23 のようになる．

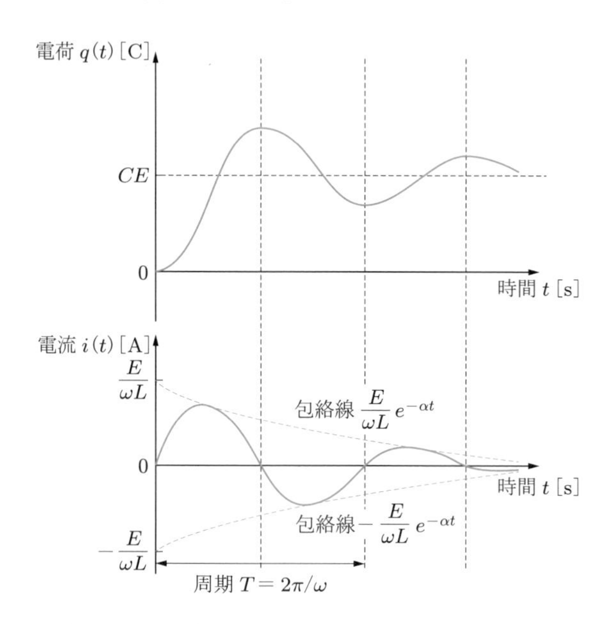

図 2.23 直流電圧を印加したときの ***R-L-C*** 直列回路の過渡応答（振動性）

図において，時刻 t が周期 T [s] のとき，電気角 ωt は 2π [rad] となるので，

$$\omega T = 2\pi$$

から，振動周期 T は

$$T = \frac{2\pi}{\omega} = \frac{2\pi}{\sqrt{\dfrac{1}{LC} - \left(\dfrac{R}{2L}\right)^2}} \qquad (2.105)$$

となる．また，振動周波数 f [Hz] は

$$f = \frac{1}{T} = \frac{1}{2\pi}\sqrt{\frac{1}{LC} - \left(\frac{R}{2L}\right)^2} \qquad (2.106)$$

である．

図 2.23 から，次のことがわかる．

- 電荷 $q(t)$ は $q(t) = CE$ を中心として減衰振動し，CE（定常解）に近づいていく．
- 電流 $i(t)$ は $i = 0$ を中心として減衰振動し，0 に近づいていく．

(b)　特性方程式 (2.94) の判別式が正（$(R/2L)^2 > 1/LC$）の場合

この場合，電流を抑制するようにはたらく抵抗 R の値が大きいと考えてよい．特性方程式の解 (2.95)

$$p = -\frac{R}{2L} \pm \sqrt{\left(\frac{R}{2L}\right)^2 - \frac{1}{LC}}$$

において，根号中の値は正なので，

$$\alpha = \frac{R}{2L} \quad \text{（正の実数）} \tag{2.107}$$

$$\gamma = \sqrt{\alpha^2 - \frac{1}{LC}} \quad \text{（正の実数, } \gamma < \alpha\text{）} \tag{2.108}$$

とおくと，

$$p = -\alpha \pm \gamma \tag{2.109}$$

と表すことができる．過渡解は

$$q_t(t) = K_1 e^{(-\alpha+\gamma)t} + K_2 e^{(-\alpha-\gamma)t} = K_1 e^{-(\alpha-\gamma)t} + K_2 e^{-(\alpha+\gamma)t} \tag{2.110}$$

となる．ここで，K_1，K_2 は初期条件で定まる定数である．

電荷の一般解は

$$q(t) = q_s + q_t(t) = CE + K_1 e^{-(\alpha-\gamma)t} + K_2 e^{-(\alpha+\gamma)t} \tag{2.111}$$

で，電流の一般解は

$$i(t) = \frac{\mathrm{d}q(t)}{\mathrm{d}t} = -(\alpha-\gamma)K_1 e^{-(\alpha-\gamma)t} - (\alpha+\gamma)K_2 e^{-(\alpha+\gamma)t} \tag{2.112}$$

となる．初期条件 (2.90)，(2.91) を用いると，

$$\begin{cases} CE + K_1 + K_2 = 0 \\ -(\alpha-\gamma)K_1 - (\alpha+\gamma)K_2 = 0 \end{cases}$$

だから，

$$K_1 = -\frac{\alpha+\gamma}{2\gamma}CE \quad (K_1 < 0)$$

$$K_2 = \frac{\alpha - \gamma}{2\gamma} CE \quad (K_2 > 0)$$

である．したがって，次のようになる．

$$\begin{aligned} q(t) &= CE - \frac{\alpha + \gamma}{2\gamma} CEe^{-(\alpha-\gamma)t} + \frac{\alpha - \gamma}{2\gamma} CEe^{-(\alpha+\gamma)t} \\ &= CE \left\{ 1 - \frac{\alpha + \gamma}{2\gamma} e^{-(\alpha-\gamma)t} + \frac{\alpha - \gamma}{2\gamma} e^{-(\alpha+\gamma)t} \right\} \end{aligned} \tag{2.113}$$

$$\begin{aligned} i(t) &= \frac{\alpha^2 - \gamma^2}{2\gamma} CEe^{-(\alpha-\gamma)t} - \frac{\alpha^2 - \gamma^2}{2\gamma} CEe^{-(\alpha+\gamma)t} \\ &= \frac{\alpha^2 - \gamma^2}{2\gamma} CE \left\{ e^{-(\alpha-\gamma)t} - e^{-(\alpha+\gamma)t} \right\} \\ &= \frac{\alpha^2 - (\alpha^2 - 1/LC)}{2\gamma} CE \left\{ e^{-(\alpha-\gamma)t} - e^{-(\alpha+\gamma)t} \right\} \\ &= \frac{E}{2\gamma L} \left\{ e^{-(\alpha-\gamma)t} - e^{-(\alpha+\gamma)t} \right\} \end{aligned} \tag{2.114}$$

つまり，解 $q(t)$ は

① 定数 − ② 時定数大の減衰指数関数 + ③ 時定数小の減衰指数関数

で表され，解 $i(t)$ は

④ 時定数大の減衰指数関数 − ⑤ 時定数小の減衰指数関数

で表されるから，$q(t)$ と $i(t)$ のグラフの概形は，図 2.24 のようになる．

(c)　特性方程式 (2.94) の判別式が 0（$(R/2L)^2 = 1/LC$）の場合

特性根は

$$p = -\frac{R}{2L} \tag{2.115}$$

となるので，一つの過渡解は

$$q_t(t) = K_1 e^{-\frac{R}{2L}t} \quad (K_1 \text{は実定数}) \tag{2.116}$$

である．

過渡解は一つしかないのだろうか．これを確認するために，**定数変化法**を用いてもう一つの過渡解を探してみよう．

式 (2.116) における K_1 の代わりに，時間の関数 $k(t)$ を考えて，もう一つの過渡解を

$$q_t(t) = k(t) e^{-\frac{R}{2L}t} \tag{2.117}$$

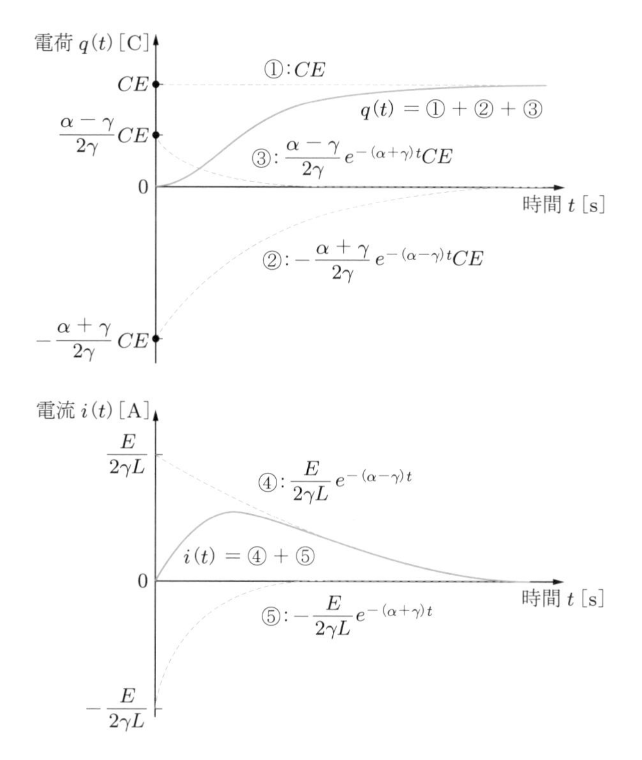

図 2.24　直流電圧を印加したときの $\boldsymbol{R}$-$\boldsymbol{L}$-$\boldsymbol{C}$ 直列回路の過渡応答波形（非振動性）

と仮定する．同次方程式 (2.93) を満足するような $k(t)$ が存在すれば，(2.117) 式も過渡解であるといえる．簡単化のために "(t)" を省略して $k(t)$ を単に k と書くと，

$$\frac{\mathrm{d}q_t(t)}{\mathrm{d}t} = \frac{\mathrm{d}k}{\mathrm{d}t}e^{-\frac{R}{2L}t} - \frac{R}{2L}ke^{-\frac{R}{2L}t} \tag{2.118}$$

$$\begin{aligned}\frac{\mathrm{d}^2q_t(t)}{\mathrm{d}t^2} &= \frac{\mathrm{d}^2k}{\mathrm{d}t^2}e^{-\frac{R}{2L}t} - \frac{R}{2L}\frac{\mathrm{d}k}{\mathrm{d}t}e^{-\frac{R}{2L}t} - \frac{R}{2L}\frac{\mathrm{d}k}{\mathrm{d}t}e^{-\frac{R}{2L}t} + \frac{R^2}{4L^2}ke^{-\frac{R}{2L}t} \\ &= \frac{\mathrm{d}^2k}{\mathrm{d}t^2}e^{-\frac{R}{2L}t} - \frac{R}{L}\frac{\mathrm{d}k}{\mathrm{d}t}e^{-\frac{R}{2L}t} + \frac{R^2}{4L^2}ke^{-\frac{R}{2L}t}\end{aligned} \tag{2.119}$$

となる．式 (2.117)〜(2.119) を式 (2.93) へ代入して整理すると，次のようになる．

$$\left\{L\frac{\mathrm{d}^2k}{\mathrm{d}t^2} - \left(\frac{R^2-4L/C}{4L}\right)k\right\}e^{-\frac{R}{2L}t} = 0 \tag{2.120}$$

上式の { } 内第 2 項の分子は式 (2.94) の判別式であり 0 になるので，

$$L\frac{\mathrm{d}^2k}{\mathrm{d}t^2}e^{-\frac{R}{2L}t} = 0$$

となる．ここで，$L \neq 0$，$e^{-\frac{R}{2L}t} \neq 0$ だから，

$$\frac{\mathrm{d}^2 k}{\mathrm{d}t^2} = 0$$

である．したがって，式 (2.117) における $k(t)$ は

$$k(t) = K_2 t$$

という1次関数として表される．よって，特性根が重解の場合には，過渡解は

$$q_t(t) = K_1 e^{pt} + K_2 t e^{pt} \tag{2.121}$$

となる．ただし，K_1，K_2 は初期条件で定まる定数であり，また，

$$p = -\frac{R}{2L} \tag{2.122}$$

である．

以上は，振動性の場合（本項 (1) の場合）の解 $q(t)$ が振動しなくなる臨界値の条件を用いて，簡単に導くことができる．

式 (2.103)，(2.104) において $\omega \to 0$ と考えると，次のようになる．

$$\begin{aligned} q(t) &= CE\left\{1 - e^{-at} \lim_{\omega\to 0}\left(\cos\omega t + \frac{\alpha}{\omega}\sin\omega t\right)\right\} \\ &= CE\left\{1 - e^{-at}\left(1 + \alpha \lim_{\omega\to 0}\frac{\sin\omega t}{\omega}\right)\right\} \\ &= CE\left\{1 - e^{-at}\left(1 + \alpha \lim_{\omega\to 0}\frac{\sin\omega t - \sin 0}{\omega - 0}\right)\right\} \\ &= CE\left\{1 - e^{-\alpha t}\left(1 + \alpha\frac{\mathrm{d}}{\mathrm{d}\omega}\sin\omega t\Big|_{\omega=0}\right)\right\} \\ &= CE\left\{1 - e^{-at}\left(1 + \alpha t\cos\omega t|_{\omega=0}\right)\right\} = CE\left\{1 - e^{-at}(1 + \alpha t)\right\} \end{aligned} \tag{2.123}$$

$$\begin{aligned} i(t) &= \lim_{\omega\to 0}\left(\frac{E}{\omega L}e^{-\alpha t}\sin\omega t\right) = \frac{E}{L}e^{-\alpha t}\lim_{\omega\to 0}\left(\frac{\sin\omega t}{\omega}\right) \\ &= \frac{E}{L}e^{-\alpha t}\frac{\mathrm{d}}{\mathrm{d}\omega}(\sin\omega t)\,|_{\omega=0} = \frac{E}{L}e^{-\alpha t}(t\cos\omega t)\,|_{\omega=0} = \frac{E}{L}e^{-\alpha t}t \end{aligned} \tag{2.124}$$

解 $q(t)$ と $i(t)$ のグラフは，先述の (a) と (b) の中間的な形状で，図 2.25 のように，振動を生じない臨界減衰のグラフとなる．

$i(t)$ が最大となるとき，式 (2.124) を微分して0とおくと，

$$\frac{\mathrm{d}i(t)}{\mathrm{d}t} = \frac{E}{L}(-\alpha e^{-\alpha t}t + e^{-\alpha t}) = \frac{E}{L}e^{-\alpha t}(-\alpha t + 1) = 0$$

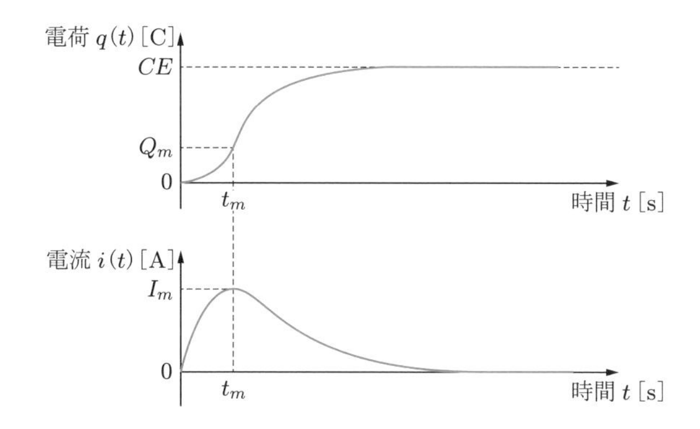

図 2.25　**直流電圧を印加したときの $\boldsymbol{R}$-$\boldsymbol{L}$-$\boldsymbol{C}$ 直列回路の過渡応答（臨界減衰）**

$$\therefore t = \frac{1}{\alpha}$$

となる．したがって，$i(t)$ の最大値を与える時刻は

$$t_m = \frac{1}{\alpha} = \frac{2L}{R} \tag{2.125}$$

である．このときの解 $q(t)$ の値 Q_m と $i(t)$ の値 I_m は，式 (2.123)，(2.124) から

$$Q_m = CE(1 - 2e^{-1}) = 0.264CE \tag{2.126}$$

$$I_m = \alpha CEe^{-1} = 0.368\alpha CE \tag{2.127}$$

となる．

以上のように，回路定数 R，L，C の値を変化させることにより，解を振動性，非振動性，臨界減衰の 3 種類に設定できる．

振動性についての設計は共振現象の利用に深く関与している．インダクタンスの大きい R-L 回路（力率が悪い）にコンデンサを付加し，動作周波数の下で振動性になるよう適切に設計すれば，方形波電圧を印加した場合にも正弦波に近い大電流を得ることができる．この技術は共振型の高周波インバータに応用され，誘導加熱コンロ（IH 調理機）や金属の焼き入れ装置などに利用されている．その原理は 4.3 節で述べる．

例題 2.4　例題 2.3 の回路（図 2.21）において，抵抗 R が含まれていた場合，回路は図 2.26 のようになる．この回路において，例題 2.3 と同様に，時刻 $t = 0$ で Sw_1 を閉じた後，$t = T_0$ で Sw_2 を開くときのインダクタ電流 $i(t)$ とコンデンサ端子電圧 $v(t)$ の変化の様子を解析せよ．ただし，当初，コンデンサに電荷はなく，$R < 2\sqrt{L/C}$ であるとする．

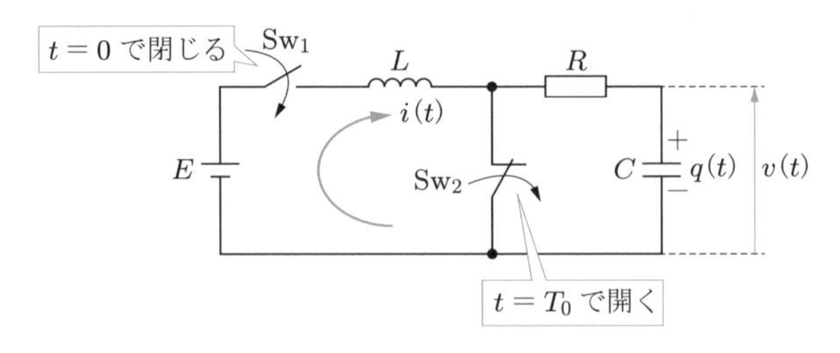

図 2.26

解答 動作は，例題 2.3 と同様に，モード 1（$0 \le t < T_0$ のとき）とモード 2（$t \ge T_0$ のとき）に分けられる．

回路方程式を解いて解を求める前に，インダクタ電流 $i(t)$ とコンデンサ端子電圧 $v(t)$ はどのようになるか，まずは定性的に考えてみよう．モード 1 においてインダクタに磁気エネルギーが蓄積され，モード 2 において磁気エネルギーとコンデンサの静電エネルギーの授受が交互に行われることは，図 2.21 の回路と同様である．しかし，図 2.26 の回路には抵抗 R が存在して損失が生じるため，この振動動作は減衰して，$t \to \infty$ において $v(t)$ は E [V] に，$i(t)$ は 0 [A] に近づく．

このことを踏まえて，回路方程式を解いてみよう．

モード 1（$0 \le t < T_0$ のとき）：

例題 2.3 と同様に，次のようになる．

$$i(t) = \frac{E}{L}t$$

したがって，このモードにおける最終値を I_0 とすると，$i(T_0) = I_0 = (E/L)T_0$ となる．

モード 2（$t \ge T_0$ のとき）：

簡単化のため，モード 2 における時間変数 t の原点を，モード 1 における原点よりも T_0 だけ遅らせた（右に推移した）時間変数 $t' = t - T_0$ で考える．

コンデンサの電荷を $q(t)$，流れる電流を $i(t)$ とすると，回路方程式は

$$L\frac{\mathrm{d}i(t')}{\mathrm{d}t'} + Ri(t') + \frac{q(t')}{C} = E$$

となる．$i(t') = \mathrm{d}q(t')/\mathrm{d}t'$ だから，次のようになる．

$$L\frac{\mathrm{d}^2q(t')}{\mathrm{d}t'^2} + R\frac{\mathrm{d}q(t')}{\mathrm{d}t'} + \frac{q(t')}{C} = E$$

$R < 2\sqrt{L/C}$ という条件から，この方程式の解 $q(t')$ は振動性となり，その一般解は式 (2.101) と同じく

$$q(t') = CE + e^{-\alpha t'}\left(A\cos\omega t' + B\sin\omega t'\right)$$

となる．同様に，電流 $i(t')$ も振動性となり，その一般解は式 (2.102) と同じく

$$i(t') = e^{-\alpha t'} \left\{ (\omega B - \alpha A) \cos \omega t' - (\omega A + \alpha B) \sin \omega t' \right\}$$

となる．ただし，

$$\alpha = \frac{R}{2L}, \quad \omega = \sqrt{\frac{1}{LC} - \left(\frac{R}{2L}\right)^2} = \sqrt{\frac{1}{LC} - \alpha^2}$$

であり，A と B は実定数である．

ここで，モード 2 における初期条件は $q(0) = 0$，$i(0) = I_0 = (E/L)T_0$ だから，

$$\begin{cases} CE + A = 0 \\ \omega B - \alpha A = I_0 \end{cases}$$

である．これを解くと，

$$A = -CE, \quad B = \frac{I_0}{\omega} - \frac{\alpha CE}{\omega} = CE\left(\frac{T_0}{\omega LC} - \frac{\alpha}{\omega}\right)$$

が得られ，次のように解が決定される．

$$\begin{aligned} q(t') &= CE + e^{-\alpha t'} \left\{ -CE \cos \omega t' + CE \left(\frac{T_0}{\omega LC} - \frac{\alpha}{\omega} \right) \sin \omega t' \right\} \\ &= CE \left[1 + e^{-\alpha t'} \left\{ \left(\frac{T_0}{\omega LC} - \frac{\alpha}{\omega} \right) \sin \omega t' - \cos \omega t' \right\} \right] \\ i(t') &= e^{-\alpha t'} \left\{ -(\omega A + \alpha B) \sin \omega t' \right\} \\ &= e^{-\alpha t'} \left\{ - \left(-\omega CE + \frac{\alpha E T_0}{\omega L} - \frac{\alpha^2 CE}{\omega} \right) \sin \omega t' \right\} \\ &= \left(\frac{\alpha^2 + \omega^2}{\omega} C - \frac{\alpha T_0}{\omega L} \right) E e^{-\alpha t'} \sin \omega t' \\ v(t') &= \frac{q(t')}{C} = E \left[1 + e^{-\alpha t'} \left\{ \left(\frac{T_0}{\omega LC} - \frac{\alpha}{\omega} \right) \sin \omega t' - \cos \omega t' \right\} \right] \end{aligned}$$

$t' = t - T_0$ なので，モード 2 における時間変数 t の原点をモード 1 の原点に統一して表記すると，

$$\begin{aligned} i(t) &= \left(\frac{\alpha^2 + \omega^2}{\omega} C - \frac{\alpha T_0}{\omega L} \right) E e^{-\alpha(t - T_0)} \sin \omega (t - T_0) \\ v(t) &= E \left[1 + e^{-\alpha(t - T_0)} \left\{ \left(\frac{T_0}{\omega LC} - \frac{\alpha}{\omega} \right) \sin \omega (t - T_0) - \cos \omega (t - T_0) \right\} \right] \end{aligned}$$

となる．以上から，$i(t)$ は $0 \leq t < T_0$ において 0 から直線状に増加し，$t \geq T_0$ において 0 に向かう減衰振動である．また，$v(t)$ は $t \geq T_0$ において 0 を初期値とし，E に向かう減衰振動である．

なお，コンデンサを短絡しない場合（$T_0 = 0$ の場合）はモード 1 がなく，

$$i(t) = \frac{\alpha^2 + \omega^2}{\omega} CE e^{-\alpha t} \sin \omega t$$

$$v(t) = CE\left\{1 - e^{-\alpha t}\left(\frac{\alpha}{\omega}\sin\omega t + \cos\omega t\right)\right\}$$

となる．この場合は 2.4 節 (1) で述べた現象と同じになる．

$T_0 = 0$ の場合はもちろん，T_0 が小の場合には $v(t)$ は 0 に戻らないが，T_0 を増加させることで，$v(t)$ を 0 に戻すことができる†.

演習問題

2.1 図 2.1 の R-L 直列回路において，電流 $i(t)$ の値が最終値の 70%，80%，90%になるときの時間はそれぞれ，時定数 τ の何倍になるか求めよ．

2.2 問図 2.1 の回路において，時刻 $t = 0$ でスイッチを閉じるとき，電源電流 $i(t)$ に過渡現象が生じない条件を求めよ．ただし，当初，コンデンサ C に電荷はなかったものとする．

2.3 問図 2.2 の回路において，当初，スイッチは端子 a 側に入れられていて定常状態にあった．時刻 $t = 0$ でスイッチを a 側から b 側へ切り換えた後の電流 $i(t)$ の式を求めよ．ただし，当初，コンデンサ C_2 に電荷はなかったものとする．

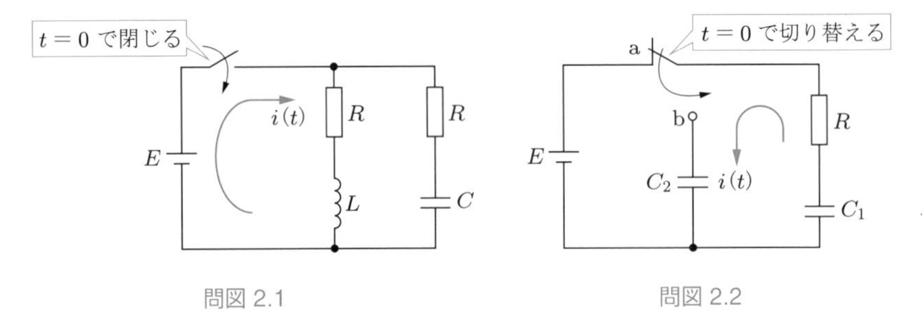

問図 2.1　　問図 2.2

2.4 問図 2.3 の回路において，当初，スイッチは開いていて定常状態にあった．時刻 $t = 0$ でスイッチを閉じた後の電流 $i_1(t)$，$i_2(t)$，$i_3(t)$ の式を求め，それぞれのグラフの概形を図示せよ．

2.5 問図 2.4 の回路において，当初，スイッチは閉じていて定常状態にあった．時刻 $t = 0$ でスイッチを開いた後の電流 $i(t)$ の式を求め，そのグラフの概形を図示せよ．ただし，$(R/2L)^2 < 1/LC$ であるとする（ヒント：$\alpha = R/2L$，$\beta = \sqrt{1/LC - (R/2L)^2} = \sqrt{1/LC - \alpha^2}$ とおくと式が簡素化する）．

---

† 実際のスイッチング回路では，半導体スイッチを強制的にオン・オフさせるときに“スイッチ端子電圧 × 電流”からなる電力損失（スイッチング損失）が生じる．しかし，$v(t)$ を 0 に戻した時点でスイッチをオンさせるとスイッチング損失を抑えることができる．このスイッチ方式を Zero-Voltage-Switching (ZVS) という．同様に，$i(t)$ を 0 に戻した時点でスイッチをオフさせるとやはりスイッチング損失を抑えることができる．このスイッチ方式を Zero-Current-Switching (ZCS) という．このように，L-C 過渡現象は半導体スイッチ回路の損失低減にも役立っている．

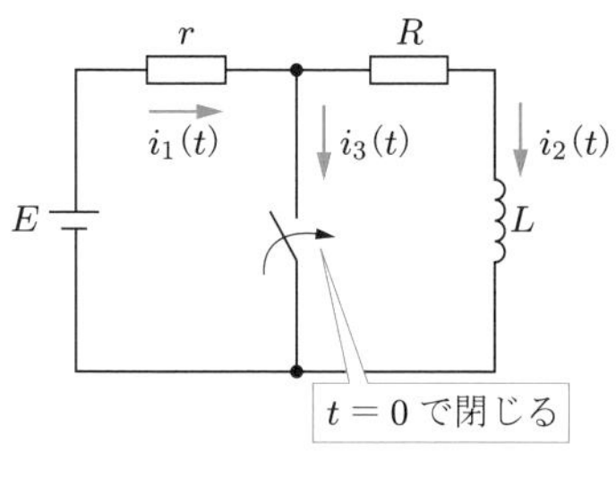

問図 2.3

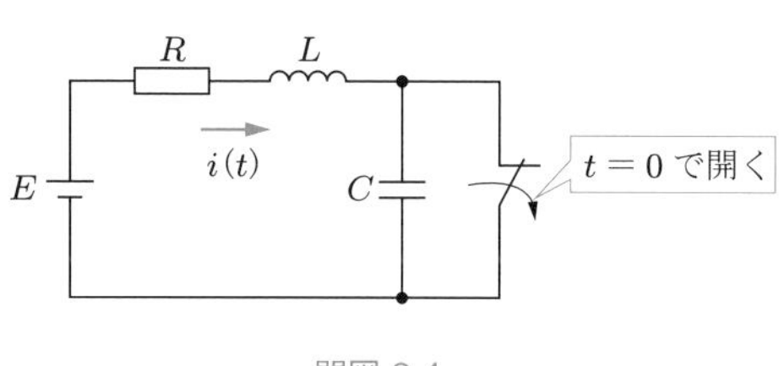

問図 2.4

正弦波交流電圧を印加した場合の過渡現象

正弦波交流電源が印加された場合，定常状態においても，インダクタ（コイル）の磁気エネルギーの蓄積と放出，コンデンサの静電エネルギーの蓄積と放出はそれぞれ電源により強制的に繰り返され，正弦波交流の定常解が生じる．この定常解はフェーザ表示法（ベクトル記号法）を用いれば容易に得ることができる．なお，過渡的に生じる過渡解は直流回路における過渡解と同じである．したがって，過渡現象は電源による強制振動と，L と C によって決まる固有減衰動作（減衰振動もしくは指数関数的減衰）が重ね合わされたものとなる．

ここでは，代表的な回路において，どのような過渡現象が生じるのか考えていこう．

3.1 *R-L* 直列回路の交流過渡現象

図 3.1 のように，抵抗 $R\,[\Omega]$ とインダクタ $L\,[\mathrm{H}]$ からなる直列回路に，時刻 $t=0$ でスイッチを閉じて正弦波交流電圧

$$e(t) = \sqrt{2}E\sin\omega t\,[\mathrm{V}] \tag{3.1}$$

を印加した場合の電流 $i(t)$ の変化の様子を解析する．ただし，スイッチを閉じる前には電流は流れていなかったものとする．

未知変数を $i(t)$ とする回路方程式は次のようになる．

$$Ri(t) + L\frac{\mathrm{d}i(t)}{\mathrm{d}t} = \sqrt{2}E\sin\omega t \tag{3.2}$$

ただし，鎖交磁束数の連続性から $Li(0+) = Li(0-) = 0$ であり，$i(t)$ についての第 2 種初期条件は第 1 種初期条件に等しいから，

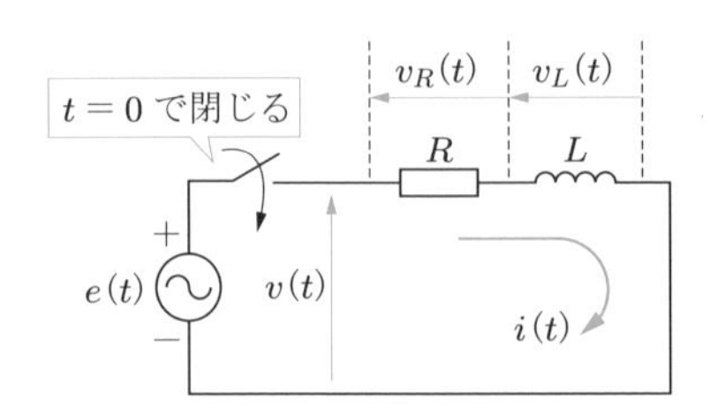

図 3.1　*R-L* 直列回路（交流電源印加）

$$i(0) = 0 \tag{3.3}$$

である．

まず，定常解を求めよう．定常解 i_s についても式 (3.2) が成り立つから，

$$Ri_s(t) + L\frac{\mathrm{d}i_s(t)}{\mathrm{d}t} = \sqrt{2}E\sin\omega t \tag{3.4}$$

となる．ここで，右辺（入力項）は一定ではなく正弦波であり，定常解 i_s に対して $\mathrm{d}\,i_s/\mathrm{d}t = 0$ とはならず，i_s は定数ではない（直流電流にはならない）．

定性的に考えれば，$e(t)$ は正弦波電源電圧なので，十分時間が経過した後に残る定常解 i_s は正弦波になる．したがって，定常解 i_s は 1.3 節で説明した**フェーザ表示法**（**複素ベクトル記号法**）で求めればよい．

式 (3.4) で，$i_s(t) \to \dot{I}$，$E\sin\omega t \to \dot{E} = (E/\sqrt{2})\angle 0$，$\mathrm{d}/\mathrm{d}t \to j\omega$ と置き換えると，

$$\dot{I} = \frac{E\angle 0}{R + j\omega L} = \frac{E\angle 0}{\sqrt{R^2 + (\omega L)^2}\angle\tan^{-1}\dfrac{\omega L}{R}} = \frac{E}{\sqrt{R^2 + (\omega L)^2}}\angle - \tan^{-1}\frac{\omega L}{R} \tag{3.5}$$

となる．式 (3.5) を瞬時値表示に戻せば，次式の定常解が得られる．

$$i_s(t) = \frac{\sqrt{2}E}{\sqrt{R^2 + (\omega L)^2}}\sin\left(\omega t - \tan^{-1}\frac{\omega L}{R}\right) \tag{3.6}$$

ここで，簡単化のために

$$I_m = \frac{\sqrt{2}E}{\sqrt{R^2 + (\omega L)^2}} \tag{3.7}$$

$$\phi = \tan^{-1}\frac{\omega L}{R} \tag{3.8}$$

とおくと，次のようになる．

$$i_s(t) = I_m\sin(\omega t - \phi) \tag{3.9}$$

次に，過渡解を求める．過渡解は元の微分方程式の右辺を 0 とおいた同次方程式の解であり，印加された電源電圧には依存しないので，2.1.1 項 (1) における説明と同様に，

$$i_t(t) = Ke^{-\frac{R}{L}t} \tag{3.10}$$

となる．ここで，K は初期条件により定まる定数である．

したがって，一般解は

$$i(t) = i_s(t) + i_t(t) = I_m \sin(\omega t - \phi) + K e^{-\frac{R}{L}t} \tag{3.11}$$

となる．初期条件 (3.3) を考慮すると，

$$K = I_m \sin\phi \tag{3.12}$$

ゆえに，

$$i(t) = I_m \sin(\omega t - \phi) + I_m \sin\phi \cdot e^{-\frac{R}{L}t} \tag{3.13}$$

となる．I_m と ϕ は式 (3.7)，(3.8) で与えられる．横軸を時間 t [s] にとって，解 $i(t)$ のグラフを描くと，図 3.2 のようになる[†1]．

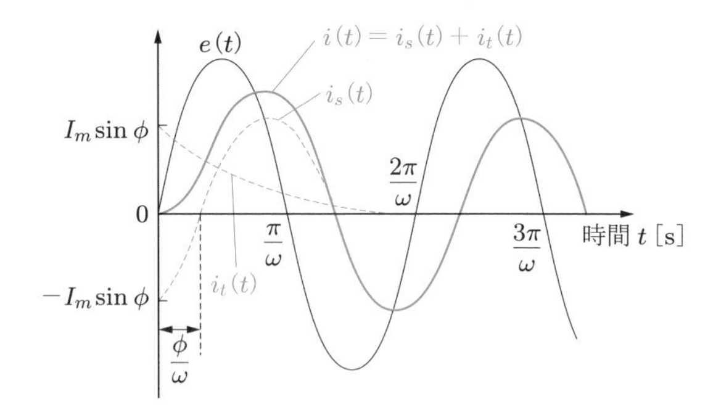

図 3.2　正弦波電源電圧が印加された ***R-L*** 直列回路の過渡応答

図からわかるように，$t = 0$ における定常解の値は $i_s(0) = -I_m \sin\phi$ で，そのときの過渡解の値が $i_t(0) = I_m \sin\phi$ となることにより，解 $i(t)$ の初期値が 0 になっている．過渡解は時間とともに減衰するので，解は定常解に近づいていく．

この場合，"$t = 0$ における定常解の値を相殺するように過渡解（減衰指数関数）が発生する" と考えてよい．定常解のグラフ（正弦波）と過渡解の概形を描いた後，それらの和のグラフが解の曲線となる．

また，過渡現象により，スイッチを入れた直後に，電流の値が定常値よりも大きくなることがわかる[†2]．

---

†1　$\omega t = \pi$ [rad] のとき $t = \pi/\omega$ [s]，$\omega t = \phi$ [rad] のとき $t = \phi/\omega$ [s] である．

†2　電気機器においては，電源スイッチを入れると過渡現象により，直後に大きな電流が流れる．これを突入電流という．スイッチを入れるタイミング（投入位相）により，突入電流の大きさは変化する

例題 3.1 図 3.3 に示す回路は，当初，スイッチが閉じていて定常状態にあったとする．ただし，$e(t) = \sqrt{2}E\sin\omega t\,[\mathrm{V}]$ である．$t = 0$ でスイッチを開いたときの電流 $i(t)$ の変化の様子を解析せよ．

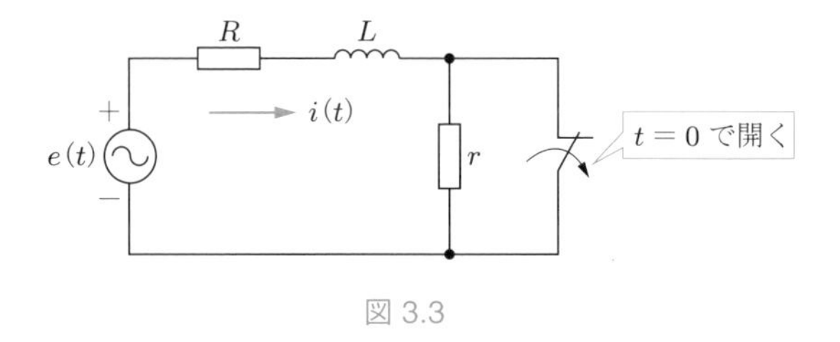

図 3.3

解答 回路は $t < 0$ で定常状態にあり，電流は

$$R\,i(t) + L\frac{\mathrm{d}i(t)}{\mathrm{d}t} = \sqrt{2}E\sin\omega t$$

の定常解のみであったと考えられる．このときの電流の式 $i_0(t)$ は式 (3.6) の導出と同様にして，

$$i_0(t) = \frac{\sqrt{2}E}{\sqrt{R^2 + (\omega L)^2}}\sin\left(\omega t - \tan^{-1}\frac{\omega L}{R}\right)$$

となる．したがって，$t = 0$ のときの $i_0(t)$ の値 $-I_0$ は次のようになる．

$$i_0(0) = -I_0 = -\frac{\sqrt{2}E}{\sqrt{R^2 + (\omega L)^2}}\sin\left(\tan^{-1}\frac{\omega L}{R}\right) = -\frac{\sqrt{2}\omega LE}{R^2 + (\omega L)^2}\,[\mathrm{A}]$$

$t \geq 0$ における回路方程式は

$$(R + r)i(t) + L\frac{\mathrm{d}i(t)}{\mathrm{d}t} = \sqrt{2}E\sin\omega t$$

で，定常解は

$$i_s(t) = \frac{\sqrt{2}E}{\sqrt{(R + r)^2 + (\omega L)^2}}\sin\left(\omega t - \tan^{-1}\frac{\omega L}{R + r}\right)$$

過渡解は

$$i_t(t) = Ke^{-\frac{R+r}{L}t}$$

となる．ここで，K は初期条件で定まる定数である．したがって，解 $i(t)$ は

$$i(t) = \frac{\sqrt{2}E}{\sqrt{(R + r)^2 + (\omega L)^2}}\sin\left(\omega t - \tan^{-1}\frac{\omega L}{R + r}\right) + Ke^{-\frac{R+r}{L}t}$$

となる．初期条件は $i(0) = -I_0$ だから，次のようになる．

† 3.1 節の式 (3.6) の導出過程を参照．

$$-I_0 = -\frac{\sqrt{2}E}{\sqrt{(R+r)^2+(\omega L)^2}}\sin\left(\tan^{-1}\frac{\omega L}{R+r}\right)+K$$

$$-I_0 = -\frac{\sqrt{2}E}{\sqrt{(R+r)^2+(\omega L)^2}}\cdot\frac{\omega L}{\sqrt{(R+r)^2+(\omega L)^2}}+K$$

$$-\frac{\sqrt{2}\omega LE}{R^2+(\omega L)^2} = -\frac{\sqrt{2}\omega LE}{(R+r)^2+(\omega L)^2}+K$$

$$\therefore K = -\sqrt{2}\omega LE\left\{\frac{1}{R^2+(\omega L)^2}-\frac{1}{(R+r)^2+(\omega L)^2}\right\}<0$$

以上から，解 $i(t)$ のグラフの概形は図 3.4 のようになる．スイッチが開いているとき，電流の実効値は $E/\sqrt{R^2+(\omega L)^2}$，位相は $\tan^{-1}(\omega L/R)$（遅れ）であり，スイッチを閉じた後の定常電流の実効値は $E/\sqrt{(R+r)^2+(\omega L)^2}$，位相は $\tan^{-1}(\omega L/(R+r))$（遅れ）であることがわかる．

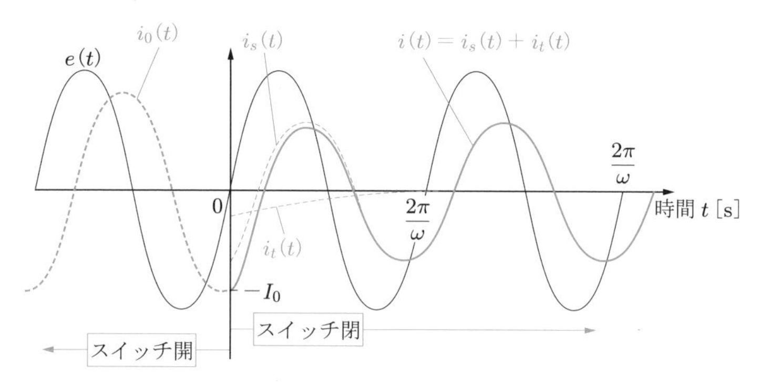

図 3.4

例題 3.2　図 3.5 に示す回路において，ある時刻 τ_0 [s] にスイッチを閉じたところ，過渡現象が生じなかったという．この時刻 τ_0 を求めよ．ただし，$e(t)=\sqrt{2}E\sin\omega t$ [V] である．

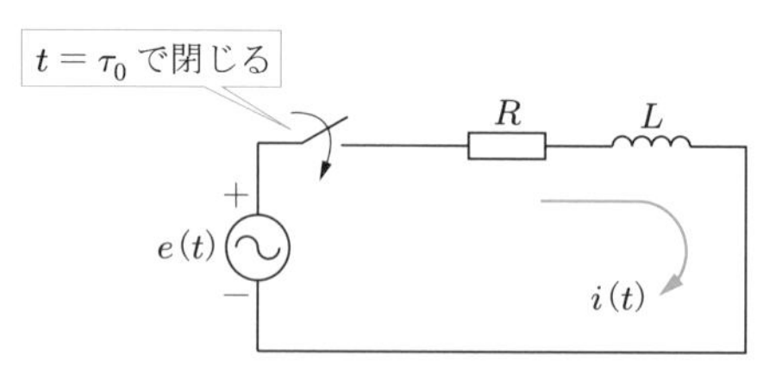

図 3.5

解答　この問題では解 $i(t)$ の式を求めた後，初期条件 $i(\tau_0)=0$ を用いて過渡解の係数を定め，それを 0 とおくことにより条件を満足する τ_0 を求めることができるが，定常解と過渡解のグラフの概形から定性的に知ることもできる．

時刻 $t=0$ でスイッチを閉じたとき（$\tau_0=0$ のとき）の定常解 $i_s(t)$ と過渡解 $i_t(t)$ のグラフの概形を図 3.6 に示す（これは図 3.2 と同様）.

ここで,

$$i_s(t)=\frac{\sqrt{2}E}{\sqrt{R^2+(\omega L)^2}}\sin\left(\omega t-\tan^{-1}\frac{\omega L}{R}\right)=I_m\sin(\omega t-\phi) \tag{1}$$

である.

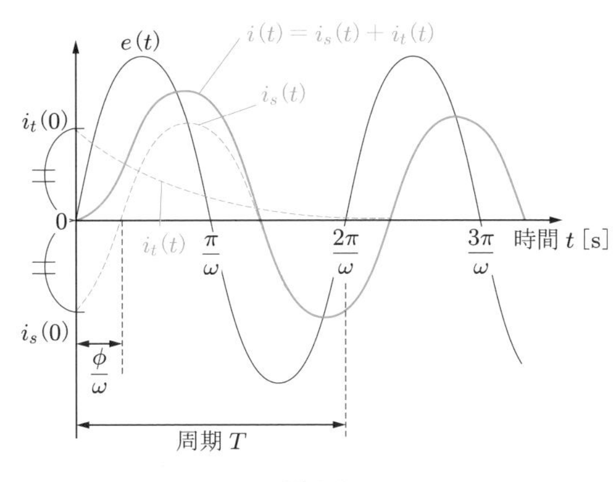

図 3.6

図からわかるように，$t=0$ のときの定常解の値 $i_s(0)$ $(i_s(0)<0)$ を打ち消すように過渡解の値 $i_t(0)$ が生じることにより，解 $i(t)$ の初期条件 $i(0)=0$ が満足されている．したがって，定常解 $i_s(t)$ の値が 0 になる時刻でスイッチを閉じれば過渡解 $i_t(t)$ は発生せず，過渡現象が起こらない．つまり，図において，

$$t=\tau_0=\frac{\phi}{\omega}+nT=\frac{1}{\omega}\tan^{-1}\frac{\omega L}{R}+\frac{2n\pi}{\omega}\quad(n=0,1,2,\cdots) \tag{2}$$

のときにスイッチを閉じればよい．回路方程式を解いて求めると，以下のようになる．

すでに学んだように，定常解は式 (1)，過渡解は次式となる．

$$i_t(t)=Ke^{-\frac{R}{L}t}$$

ここで，K は初期条件で定まる定数である．解 $i(t)$ は

$$i(t)=I_m\sin(\omega t-\phi)+Ke^{-\frac{R}{L}t}$$

となる．初期条件は $t=\tau_0$ のときに $i(t)=0$ だから，

$$I_m\sin(\omega\tau_0-\phi)+Ke^{-\frac{R}{L}\tau_0}=0$$

$$K=-I_me^{\frac{R}{L}\tau_0}\sin(\omega\tau_0-\phi)$$

である．$K=0$ のときに過渡現象が生じなくなるので，次のようになる．

$$\omega\tau_0 - \phi = 2n\pi \quad (n = 0, 1, 2, \cdots)$$
$$\therefore \tau_0 = \frac{\phi + 2n\pi}{\omega} = \frac{\phi}{\omega} + \frac{2n\pi}{\omega} = \frac{1}{\omega}\tan^{-1}\frac{\omega L}{R} + \frac{2n\pi}{\omega}$$

当然のことながら，この結果は式 (2) に等しい．

3.2 R-C 直列回路の交流過渡現象

図 3.7 のように，抵抗 $R\,[\Omega]$ とコンデンサ $C\,[\mathrm{F}]$ からなる直列回路に，時刻 $t=0$ でスイッチを閉じて正弦波交流電圧

$$e(t) = \sqrt{2}E\sin\omega t\,[\mathrm{V}]$$

を印加した場合の電流 $i(t)$ の変化の様子を解析する．ただし，スイッチを閉じる前にはコンデンサに電荷はなかったものとする．

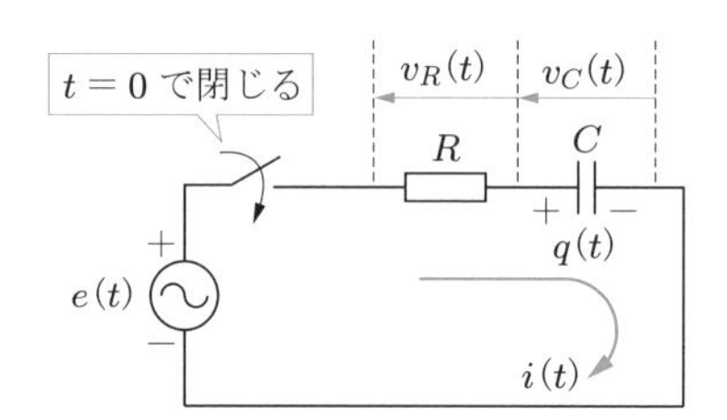

図 3.7　**R-C 直列回路（交流電源印加）**

回路方程式は次のようになる．

$$Ri(t) + \frac{1}{C}q(t) = \sqrt{2}E\sin\omega t \tag{3.14}$$

ここで，初期条件を考慮しやすいように，変数をコンデンサの電荷 $q(t)$ に統一し，$q(t)$ を求めた後，$q(t)$ を微分することにより $i(t)$ を求める．$i(t) = \mathrm{d}q(t)/\mathrm{d}t$ だから，

$$R\frac{\mathrm{d}q(t)}{\mathrm{d}t} + \frac{1}{C}q(t) = \sqrt{2}E\sin\omega t \tag{3.15}$$

となる．ただし，初期条件は電荷の保存則から $q(0+) = q(0-) = 0$ であり，$q(t)$ についての第 2 種初期条件は第 1 種初期条件に等しいから，これを $q(0)$ と書くと，

$$q(0) = 0 \tag{3.16}$$

である．

まず，式 (3.15) の定常解を求める．定常解 q_s を**フェーザ表示法**（**複素ベクトル記号法**）で求めるため，式 (3.15) において，$q(t) \to \dot{Q}$，$\mathrm{d}/\mathrm{d}t \to j\omega$，$\sqrt{2}E\sin\omega t \to \dot{E} = E\angle 0 = E$ と置き換えると，

$$j\omega R\dot{Q} + \frac{1}{C}\dot{Q} = E$$

となるから，

$$\dot{Q} = \frac{E}{j\omega R + \dfrac{1}{C}} = \frac{\dfrac{E}{j\omega}}{R + \dfrac{1}{j\omega C}} = \frac{-j\dfrac{E}{\omega}}{R - j\dfrac{1}{\omega C}} = \frac{\dfrac{E}{\omega}\angle - \dfrac{\pi}{2}}{\sqrt{R^2 + \left(\dfrac{1}{\omega C}\right)^2}\angle - \tan^{-1}\dfrac{1}{\omega RC}}$$

$$= \frac{E}{\omega\sqrt{R^2 + \left(\dfrac{1}{\omega C}\right)^2}}\angle\left(\tan^{-1}\frac{1}{\omega RC} - \frac{\pi}{2}\right) \tag{3.17}$$

となる．これを瞬時値表示に戻せば，次式の定常解が得られる．

$$q_s(t) = \frac{\sqrt{2}E}{\omega\sqrt{R^2 + \left(\dfrac{1}{\omega C}\right)^2}}\sin\left(\omega t + \tan^{-1}\frac{1}{\omega RC} - \frac{\pi}{2}\right) \tag{3.18}$$

ここで，簡単化のために

$$Q_m = \frac{\sqrt{2}E}{\omega\sqrt{R^2\left(\dfrac{1}{\omega C}\right)^2}} \tag{3.19}$$

$$\phi = \tan^{-1}\frac{1}{\omega RC} \tag{3.20}$$

とおくと，次のようになる．

$$q_s(t) = Q_m\sin\left(\omega t + \phi - \frac{\pi}{2}\right) = -Q_m\cos(\omega t + \phi) \tag{3.21}$$

次に，過渡解を求める．過渡解 $q_t(t)$ は 2.2.1 項の (1) における説明と同様に

$$q_t(t) = Ke^{-\frac{1}{RC}t} \tag{3.22}$$

となる．ここに，K は初期条件により定まる定数である．

したがって，一般解は次のようになる．

$$q(t) = q_s(t) + q_t(t) = -Q_m\cos(\omega t + \phi) + Ke^{-\frac{1}{RC}t} \tag{3.23}$$

初期条件 (3.16) を考慮すると，

$$K = Q_m \cos\phi \tag{3.24}$$

ゆえに，

$$q(t) = -Q_m \cos(\omega t + \phi) + Q_m \cos\phi \cdot e^{-\frac{1}{RC}t} \tag{3.25}$$

となる．Q_m と ϕ は式 (3.19)，(3.20) で与えられる．

式 (3.25) を微分すれば，次式のように $i(t)$ が得られる．

$$i(t) = \frac{\mathrm{d}q(t)}{\mathrm{d}t} = \omega Q_m \sin(\omega t + \phi) - \frac{1}{RC} Q_m \cos\phi \cdot e^{-\frac{1}{RC}t} \tag{3.26}$$

式 (3.20) より，$\tan\phi = \sin\phi/\cos\phi = 1/\omega RC$ であるから，

$$\begin{aligned} i(t) &= \omega Q_m \sin(\omega t + \phi) - \omega Q_m \frac{1}{\omega RC} \cos\phi \cdot e^{-\frac{1}{RC}t} \\ &= \omega Q_m \sin(\omega t + \phi) - \omega Q_m \sin\phi \cdot e^{-\frac{1}{RC}t} \end{aligned} \tag{3.27}$$

となり，あらためて

$$I_m = \omega Q_m = \frac{\sqrt{2}E}{\sqrt{R^2 + \left(\dfrac{1}{\omega C}\right)^2}} \tag{3.28}$$

とおくと，

$$i(t) = I_m \sin(\omega t + \phi) - I_m \sin\phi \cdot e^{-\frac{1}{RC}t} \tag{3.29}$$

となる．右辺第 1 項が電流の定常解 $i_s(t)$，第 2 項が過渡解 $i_t(t)$ である．

横軸を時間 t [s] にとって，解 $i(t)$ のグラフを描くと，図 3.8 のようになる．

図からわかるように，$t = 0$ における定常解の値は $i_s(0) = I_m \sin\phi$ で，そのときの

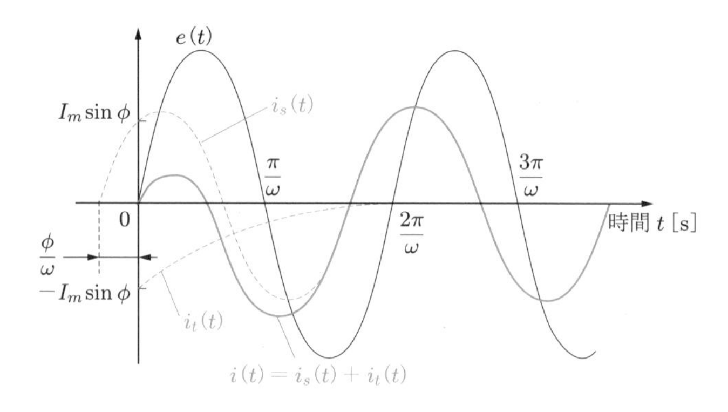

図 3.8 正弦波電源電圧が印加された ***R*-*C*** 直列回路の過渡応答

過渡解の値が $i_t(0) = -I_m \sin\phi$ となることにより，解 $i(t)$ の初期値が 0 になっている．過渡解は時間とともに減衰するので，解は定常解に近づいていく．

この場合，3.2 節で述べたことと同じく，“$t = 0$ における定常解の値を相殺するように過渡解（減衰指数関数）が発生する”と考えてよい．定常解のグラフ（正弦波）と過渡解の概形を描いた後，それらの和のグラフが解の曲線となる．

また，定常解が進み位相の場合，過渡現象により，スイッチを閉じた直後の電流は定常値よりも小さいことがわかる．

例題 3.3 図 3.9 の *R-C* 回路において，電源電圧は $e(t) = \sqrt{2}E\cos\omega t$ [V] である．時刻 $t = 0$ でスイッチを閉じたときの電流 $i(t)$ の変化の様子を解析せよ．ただし，スイッチを閉じる前にはコンデンサに電荷はなかったものとする．

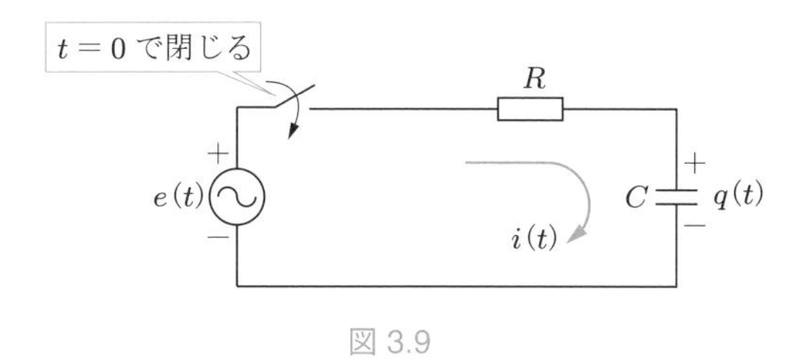

図 3.9

解答 $t \geq 0$ において，回路方程式は次のようになる．

$$Ri(t) + \frac{1}{C}q(t) = \sqrt{2}E\cos\omega t = \sqrt{2}E\sin\left(\omega t + \frac{\pi}{2}\right)$$

ここで，

$$q(t) = Cv(t), \quad i(t) = \frac{\mathrm{d}q(t)}{\mathrm{d}t}$$

だから，

$$R\frac{\mathrm{d}q(t)}{\mathrm{d}t} + \frac{1}{C}q(t) = \sqrt{2}E\sin\left(\omega t + \frac{\pi}{2}\right)$$

となる．ただし，$q(0) = 0$ である．

定常解 $q_s(t)$ を求めるためにフェーザ表示を用いる．$\mathrm{d}/\mathrm{d}t \to j\omega$, $q(t) \to \dot{Q}$, $\sqrt{2}E\sin(\omega t + \pi/2) \to \dot{E} = E\angle(\pi/2) = jE$ と置き換えると，

$$j\omega R\dot{Q} + \frac{1}{C}\dot{Q} = jE$$

$$\therefore \dot{Q} = \frac{jE}{j\omega R + \dfrac{1}{C}} = \frac{\dfrac{E}{\omega}}{R - j\dfrac{1}{\omega C}} = \frac{E}{\omega\sqrt{R^2 + \dfrac{1}{\omega^2 C^2}}}\angle\tan^{-1}\frac{1}{\omega RC}$$

となる．瞬時値に戻せば，次のようになる．

$$q_s(t) = \frac{\sqrt{2}E}{\omega\sqrt{R^2 + \dfrac{1}{\omega^2 C^2}}} \sin\left(\omega t + \tan^{-1}\frac{1}{\omega RC}\right) = Q_m \sin(\omega t + \phi)$$

ここで,

$$Q_m = \frac{\sqrt{2}E}{\omega\sqrt{R^2 + \dfrac{1}{\omega^2 C^2}}}, \quad \phi = \tan^{-1}\frac{1}{\omega RC}$$

である.

また,過渡解は

$$q_t(t) = Ke^{-\frac{1}{RC}t}$$

となる.ここで,K は初期条件で定まる定数である.したがって,一般解は次のようになる.

$$q(t) = Q_m \sin(\omega t + \phi) + Ke^{-\frac{1}{RC}t}$$

初期条件より $q(0) = 0$ だから,

$$K = -Q_m \sin\phi$$

であり,解 $q(t)$ は

$$\begin{aligned} q(t) &= Q_m \sin(\omega t + \phi) - Q_m \sin\phi \cdot e^{-\frac{1}{RC}t} \\ &= Q_m \left\{\sin(\omega t + \phi) - \sin\phi \cdot e^{-\frac{1}{RC}t}\right\} \end{aligned}$$

となる.

したがって,電流は次式のようになる.

$$\begin{aligned} i(t) = \frac{\mathrm{d}q(t)}{\mathrm{d}t} &= Q_m \left\{\omega \cos(\omega t + \phi) + \frac{1}{RC}\sin\phi \cdot e^{-\frac{1}{RC}t}\right\} \\ &= \omega Q_m \left\{\cos(\omega t + \phi) + \frac{1}{\omega RC}\sin\phi \cdot e^{-\frac{1}{RC}t}\right\} \end{aligned}$$

電流の初期値 $i(0)$ は,次のようになる.

$$\begin{aligned} i(0) &= \omega Q_m \left(\cos\phi + \frac{1}{\omega RC}\sin\phi\right) \\ &= \sqrt{2}\omega \frac{E}{\omega\sqrt{R^2 + \dfrac{1}{\omega^2 C^2}}} \left(\frac{R}{\sqrt{R^2 + \dfrac{1}{\omega^2 C^2}}} + \frac{1}{\omega RC}\frac{\dfrac{1}{\omega C}}{\sqrt{R^2 + \dfrac{1}{\omega^2 C^2}}}\right) \end{aligned}$$

$$= \sqrt{2}\frac{E}{\sqrt{R^2+\dfrac{1}{\omega^2C^2}}}\frac{R+\dfrac{1}{\omega^2RC^2}}{\sqrt{R^2+\dfrac{1}{\omega^2C^2}}} = \sqrt{2}E\frac{\dfrac{1}{R}\left(R^2+\dfrac{1}{\omega^2C^2}\right)}{R^2+\dfrac{1}{\omega^2C^2}} = \frac{\sqrt{2}E}{R}$$

なお，図 3.9 の回路において，初期状態（$t=0$ のとき）においてコンデンサ C は回路短絡と考えてよいので，

$$i(0) = \frac{\sqrt{2}E\cos 0}{R} = \frac{\sqrt{2}E}{R}$$

となることは明らかである．つまり，

$$t = 0- \text{ では } i = 0, \quad t = 0+ \text{ では } i = \frac{\sqrt{2}E}{R}$$

となり，電流は原点の前後で不連続である．

解 $i(t)$ のグラフの概形は，図 3.10 のようになる．

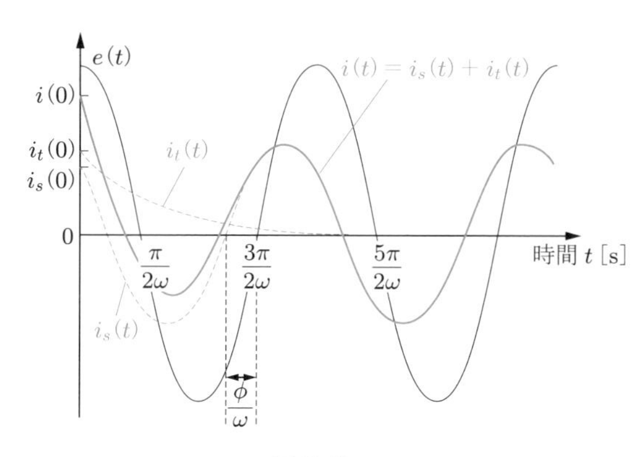

図 3.10

例題 3.4 図 3.11 の R-C 回路において，時刻 $t=0$ でスイッチを閉じたときのコンデンサ端子電圧 $v(t)$ の変化の様子を解析せよ．ただし，当初，コンデンサに電荷はなかったものとし，$e(t) = \sqrt{2}E\sin\omega t$ [V] とする．

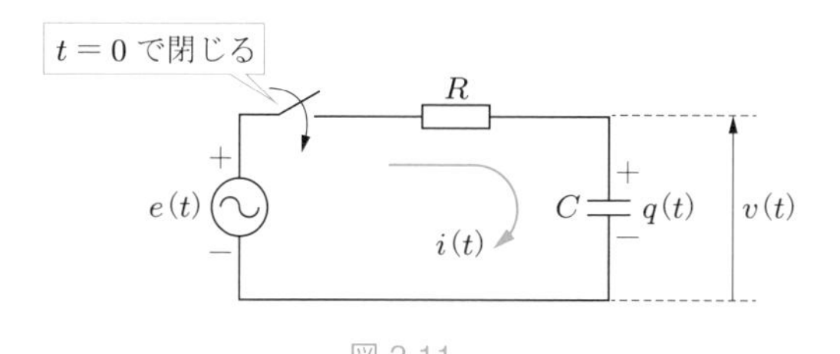

図 3.11

解答 $t \geq 0$ において，回路方程式は次のようになる．

$$Ri(t) + \frac{1}{C}q(t) = \sqrt{2}E\sin\omega t$$

ここで，

$$q(t) = Cv(t), \quad i(t) = \frac{\mathrm{d}q(t)}{\mathrm{d}t} = C\frac{\mathrm{d}v(t)}{\mathrm{d}t}$$

だから，

$$RC\frac{\mathrm{d}v(t)}{\mathrm{d}t} + v(t) = \sqrt{2}E\sin\omega t$$

となる．ただし，$v(0+) = v(0-) = v(0) = 0$ である．

定常解 $v_s(t)$ を求めるためにフェーザ表示を用いる．$\mathrm{d}/\mathrm{d}t \to j\omega$, $v(t) \to \dot{V}$, $\sqrt{2}E\sin\omega t \to \dot{E} = E\angle 0 = E$ と置き換えると，

$$\begin{aligned} &j\omega RC\dot{V} + \dot{V} = E \\ &\therefore \dot{V} = \frac{E}{1 + j\omega RC} = \frac{E}{\sqrt{1 + (\omega RC)^2}\angle\tan^{-1}\omega RC} \\ &\phantom{\therefore \dot{V}} = \frac{E}{\sqrt{1 + (\omega RC)^2}}\angle - \tan^{-1}\omega RC \end{aligned}$$

となる．瞬時値に戻せば，次のようになる．

$$v_s(t) = \frac{\sqrt{2}E}{\sqrt{1 + (\omega RC)^2}}\sin\left(\omega t - \tan^{-1}\omega RC\right) = V_m\sin(\omega t - \phi)$$

ここで，$V_m = \sqrt{2}E/\sqrt{1 + (\omega RC)^2}$，$\phi = \tan^{-1}\omega RC$ である．

また，過渡解は

$$v_t(t) = Ke^{-\frac{1}{RC}t}$$

となる．ここで，K は初期条件で定まる定数である．したがって，一般解は次のようになる．

$$v(t) = V_m\sin(\omega t - \phi) + Ke^{-\frac{1}{RC}t}$$

初期条件より $v(0) = 0$ だから，

$$K = V_m\sin\phi$$

であり，解 $v(t)$ は

$$\begin{aligned} v(t) &= V_m\sin(\omega t - \phi) + V_m\sin\phi \cdot e^{-\frac{1}{RC}t} \\ &= V_m\left\{\sin(\omega t - \phi) + \sin\phi \cdot e^{-\frac{1}{RC}t}\right\} \end{aligned}$$

となる．

解 $v(t)$ のグラフの概形は，図 3.12 のようになる．

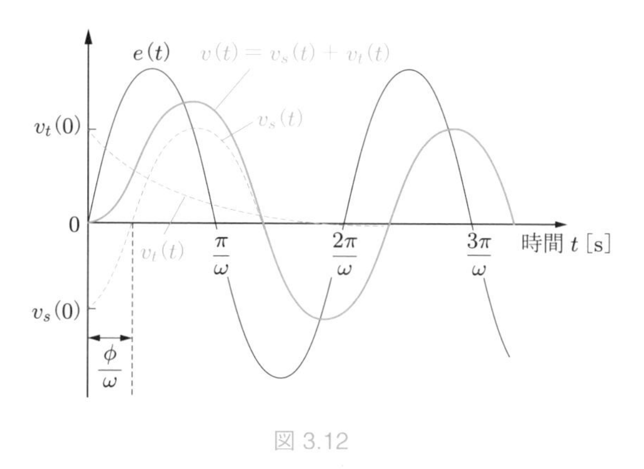

図 3.12

3.3 R-L-C 直列回路の交流過渡現象

図 3.13 のように，抵抗 $R\,[\Omega]$，インダクタ $L\,[\mathrm{H}]$，コンデンサ $C\,[\mathrm{F}]$ からなる直列回路に，時刻 $t=0$ でスイッチを閉じて正弦波交流電圧

$$e(t) = \sqrt{2}E\sin\omega t\,[\mathrm{V}]$$

を印加した場合の電流 $i(t)$ の変化の様子を解析する．ただし，スイッチを閉じる前にはコンデンサに電荷はなく，電流は流れていなかったものとする．

回路方程式は

$$v_R(t) + v_L(t) + v_C(t) = e(t)$$

より，

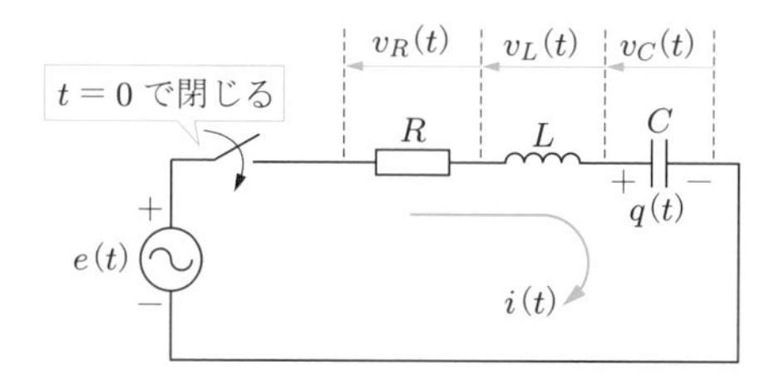

図 3.13 R-L-C 直列回路（交流電源印加）

$$Ri(t) + L\frac{\mathrm{d}i(t)}{\mathrm{d}t} + \frac{1}{C}q(t) = \sqrt{2}E\sin\omega t \tag{3.30}$$

となり，$i(t) = \mathrm{d}q(t)/\mathrm{d}t$, $q(t) = (1/C)\int i(t)\mathrm{d}t$ だから，次のようになる[†1]．

$$Ri(t) + L\frac{\mathrm{d}i(t)}{\mathrm{d}t} + \frac{1}{C}\int i(t)\mathrm{d}t = \sqrt{2}E\sin\omega t \tag{3.31}$$

となる．この回路例では，第2種初期条件は第1種初期条件に等しく，

$$\begin{cases} q(0) = 0 \\ i(0) = \left.\dfrac{\mathrm{d}q}{\mathrm{d}t}\right|_{t=0} = 0 \end{cases} \tag{3.32}$$

である．さらに，式 (3.31) から $i(t)$ を解くには，$i(t)$ の1階微分の初期値 $\mathrm{d}i(t)/\mathrm{d}t|_{t=0}$ を知る必要がある．式 (3.30) において $t=0$ とおくと，

$$Ri(0) + L\left.\frac{\mathrm{d}i(t)}{\mathrm{d}t}\right|_{t=0} + \frac{1}{C}q(0) = 0$$

であり，式 (3.32) を考慮すると，

$$\left.\frac{\mathrm{d}i(t)}{\mathrm{d}t}\right|_{t=0} = 0 \tag{3.33}$$

という1階微分の初期値が得られる．

まず，定常解 $i_s(t)$ を求めよう．$i_s(t)$ はフェーザ表示法（複素ベクトル記号法）を利用して求めればよい．

図3.13の回路において電流のフェーザ表示を $\dot{I}$ とし，$L \to j\omega L$, $C \to 1/j\omega C$（もしくは $C \to -j/\omega C$），電源電圧 $\to \dot{E} = E\angle 0 = E$ と置き換えると[†2]，

$$\begin{aligned} \dot{I} &= \frac{E}{R + j\omega L - j/\omega C} = \frac{E}{R - j\,(1/\omega C - \omega L)} \\ &= \frac{E\angle 0}{\sqrt{R^2 + (1/\omega C - \omega L)^2}\angle -\tan^{-1}\dfrac{1/\omega C - \omega L}{R}} \\ &= \frac{E}{\sqrt{R^2 + (1/\omega C - \omega L)^2}}\angle\tan^{-1}\frac{1/\omega C - \omega L}{R} \end{aligned} \tag{3.34}$$

となる．よって，定常解は

---

†1 電荷 $q(t)$ も求めたい場合には $i(t) = \mathrm{d}q(t)/\mathrm{d}t$ を用いて変数を電荷 $q(t)$ とし，$q(t)$ に関する2階線形微分方程式に変換すればよい．$q(t)$ を微分すれば $i(t)$ が得られる．

†2 式 (3.31) において，$i(t) \to \dot{I}$, $\mathrm{d}/\mathrm{d}t \to j\omega$, $\int \mathrm{d}t \to 1/j\omega$, 右辺 $\to \dot{E} = E\angle 0$ と置き換えることと同じである．

$$i_s(t) = \frac{\sqrt{2}E}{\sqrt{R^2 + (1/\omega C - \omega L)^2}} \sin\left(\omega t + \tan^{-1}\frac{1/\omega C - \omega L}{R}\right) \tag{3.35}$$

である．

ここで，簡単化のために

$$I_m = \frac{\sqrt{2}E}{\sqrt{R^2 + (1/\omega C - \omega L)^2}} \tag{3.36}$$

$$\phi = \tan^{-1}\frac{1/\omega C - \omega L}{R} \tag{3.37}$$

とおくと，

$$i_s(t) = I_m \sin(\omega t + \phi) \tag{3.38}$$

と表される．

次に，過渡解 $i_t(t)$ を求める．過渡解は式 (3.31) の右辺が 0 のときの方程式（同次方程式）の一般解であり，2.4 節の直流回路の場合と同じになる．右辺を 0 として両辺を微分し，$\mathrm{d}/\mathrm{d}t \to p$ と置き換えると次の特性方程式が得られる．

$$Lp^2 + Rp + \frac{1}{C} = 0 \tag{3.39}$$

当然のことだが，この特性方程式は 2.4 節における式 (2.94) と同じで，過渡解は同節 (a)〜(b) と同様になる．あらためて記述すると，以下のようになる．

(a) 特性方程式 (3.39) の判別式が負（$(R/2L)^2 < 1/LC$）の場合

$$i_t(t) = e^{-\alpha t}(A\cos\beta t + B\sin\beta t) \tag{3.40}$$

であり，過渡解は振動性（減衰）となる．ただし，

$$\alpha = \frac{R}{2L} \quad （正の実数） \tag{3.41}$$

$$\beta = \sqrt{\frac{1}{LC} - \left(\frac{R}{2L}\right)^2} = \sqrt{\frac{1}{LC} - \alpha^2} \quad （正の実数） \tag{3.42}$$

で，A，B は初期条件で定まる定数である．

式 (3.38) と式 (3.40) から，一般解は

$$i(t) = I_m \sin(\omega t + \phi) + e^{-\alpha t}(A\cos\beta t + B\sin\beta t) \tag{3.43}$$

で，その微分（導関数）は

$$\frac{\mathrm{d}i(t)}{\mathrm{d}t} = \omega I_m \cos(\omega t + \phi) - \alpha e^{-\alpha t}(A\cos\beta t + B\sin\beta t) + \beta e^{-\alpha t}(-A\sin\beta t + B\cos\beta t) \tag{3.44}$$

となる．初期条件 (3.32)，(3.33) を考慮して，次のようになる．

$$\begin{cases} I_m \sin\phi + A = 0 \\ \omega I_m \cos\phi - \alpha A + \beta B = 0 \end{cases}$$

これから A と B を解いて，

$$\begin{cases} A = -I_m \sin\phi \\ B = -I_m\left(\dfrac{\alpha}{\beta}\sin\phi + \cos\phi\right) \end{cases} \tag{3.45}$$

となる．したがって，次のようになる．

$$\begin{aligned} i(t) &= I_m \sin(\omega t + \phi) + e^{-\alpha t}\left\{-I_m \sin\phi\cdot\cos\beta t - I_m\left(\frac{\alpha}{\beta}\sin\phi + \cos\phi\right)\sin\beta t\right\} \\ &= I_m \sin(\omega t + \phi) - I_m e^{-\alpha t}\left\{\sin\phi\cdot\cos\beta t + \left(\frac{\alpha}{\beta}\sin\phi + \cos\phi\right)\sin\beta t\right\} \end{aligned} \tag{3.46}$$

この場合の解 $i(t)$ のグラフの概形は図 3.14 のようになる．過渡解 $i_t(t)$ は減衰振動となる．ただし，ここでは定常解の位相は進み（$\phi > 0$）で，回路の固有角周波数は電源角周波数よりも大（$\beta > \omega$）とした．

グラフの描き方は 3.1 節，3.2 節での説明と同様である．

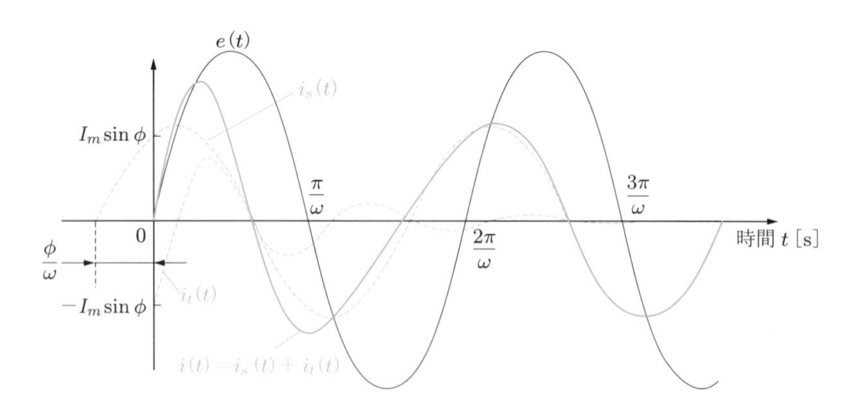

図 3.14　正弦波電源電圧が印加されたときの ***R*-*L*-*C*** 直列回路の過渡応答（振動性，定常解が進み位相のとき）

(b)　特性方程式 (3.39) の判別式が正（$(R/2L)^2 > 1/LC$）の場合

$$i_t(t) = K_1 e^{-(\alpha-\gamma)t} + K_2 e^{-(\alpha+\gamma)t} = e^{-\alpha t}\left(K_1 e^{\gamma t} + K_2 e^{-\gamma t}\right) \tag{3.47}$$

であり，過渡解は非振動性（減衰）となる．ただし，

$$\alpha = \frac{R}{2L} \quad （正の実数） \tag{3.48}$$

$$\gamma = \sqrt{\alpha^2 - \frac{1}{LC}} \quad （正の実数，\gamma < \alpha） \tag{3.49}$$

で，K_1，K_2 は初期条件で定まる定数である．

式 (3.38) と式 (3.47) から，一般解は

$$i(t) = I_m \sin(\omega t + \phi) + K_1 e^{-(\alpha-\gamma)t} + K_2 e^{-(\alpha+\gamma)t} \tag{3.50}$$

で，その微分（導関数）は

$$\frac{\mathrm{d}i(t)}{\mathrm{d}t} = \omega I_m \cos(\omega t + \phi) - (\alpha-\gamma)K_1 e^{-(\alpha-\gamma)t} - (\alpha+\gamma)K_2 e^{-(\alpha+\gamma)t} \tag{3.51}$$

となる．初期条件 (3.32)，(3.33) を考慮して，次のようになる．

$$\begin{cases} I_m \sin\phi + K_1 + K_2 = 0 \\ \omega I_m \cos\phi - (\alpha-\gamma)K_1 - (\alpha+\gamma)K_2 = 0 \end{cases}$$

これから K_1 と K_2 を解いて，

$$\begin{cases} K_1 = -\dfrac{I_m}{2\gamma}\left\{(\alpha+\gamma)\sin\phi + \omega\cos\phi\right\} \\ K_2 = \dfrac{I_m}{2\gamma}\left\{\omega\cos\phi + (\alpha-\gamma)\sin\phi\right\} \end{cases} \tag{3.52}$$

となる．したがって，次のようになる．

$$\begin{aligned} i(t) = I_m \sin(\omega t + \phi) &- \frac{I_m}{2\gamma}\left\{(\alpha+\gamma)\sin\phi + \omega\cos\phi\right\} e^{-(\alpha-\gamma)t} \\ &+ \frac{I_m}{2\gamma}\left\{\omega\cos\phi + (\alpha-\gamma)\sin\phi\right\} e^{-(\alpha+\gamma)t} \end{aligned} \tag{3.53}$$

この場合の解 $i(t)$ のグラフの概形は，図 3.15 のようになる．過渡解 $i_t(t)$ は変曲点をもつ非振動波形となる．ただし，ここでは定常解の位相は進み（$\phi > 0$）とした．

グラフの描き方は 3.1 節，3.2 節での説明と同様である．

(c)　特性方程式 (3.39) の判別式が 0（$(R/2L)^2 = 1/LC$）の場合

$$i_t(t) = e^{-\alpha t}(K_1 + K_2 t) \tag{3.54}$$

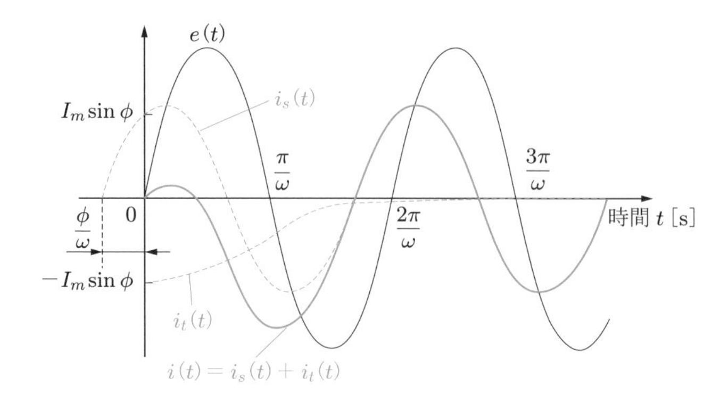

図 3.15 正弦波電源電圧が印加されたときの ***R-L-C*** 直列回路の過渡応答
(非振動性，定常解が進み位相のとき)

であり，(a) と (b) の境界の臨界減衰となる．

式 (3.38) と (3.54) から，一般解は

$$i(t) = I_m \sin(\omega t + \phi) + e^{-\alpha t}(K_1 + K_2 t) \tag{3.55}$$

で，その微分（導関数）は

$$\frac{\mathrm{d}i(t)}{\mathrm{d}t} = \omega I_m \cos(\omega t + \phi) - \alpha e^{-\alpha t}(K_1 + K_2 t) + K_2 e^{-\alpha t} \tag{3.56}$$

となる．初期条件 (3.32)，(3.33) を考慮して，次のようになる．

$$\begin{cases} I_m \sin\phi + K_1 = 0 \\ \omega I_m \cos\phi - \alpha K_1 + K_2 = 0 \end{cases} \tag{3.57}$$

これから K_1 と K_2 を解いて，

$$\begin{cases} K_1 = -I_m \sin\phi \\ K_2 = -I_m(\alpha \sin\phi + \omega \cos\phi) \end{cases} \tag{3.58}$$

となる．したがって，次のようになる．

$$i(t) = I_m \sin(\omega t + \phi) - I_m e^{-\alpha t}\{\sin\phi + (\alpha \sin\phi + \omega \cos\phi)t\} \tag{3.59}$$

この場合の解 $i(t)$ のグラフの概形は，図 3.15 とほぼ同様になるので割愛する．

例題 3.5　図 3.16 に示す L-C 直列回路において，$e(t) = \sqrt{2}E\sin\omega t\,[\mathrm{V}]$ である．時刻 $t=0$ でスイッチを閉じたときのコンデンサ端子電圧 $v(t)$ の式を求め，$\omega \ll 1/\sqrt{LC}$ のときには $v(t) \approx \sqrt{2}E\sin\omega t$ となることを示せ．ただし，当初，コンデンサに電荷はなかったものとする．

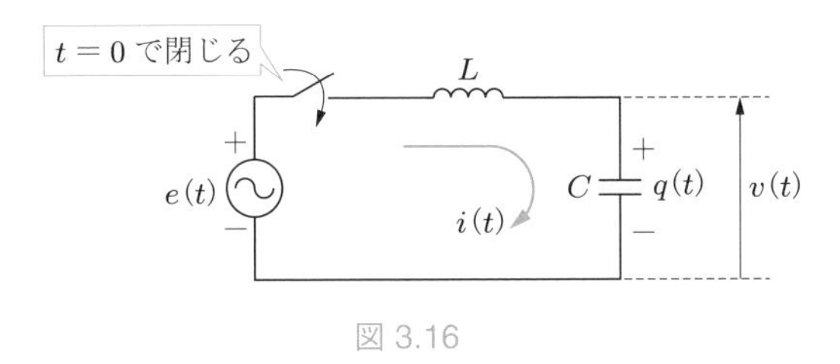

図 3.16

解答　$t \geq 0$ において，回路方程式は次のようになる．

$$L\frac{\mathrm{d}i(t)}{\mathrm{d}t} + \frac{1}{C}q(t) = \sqrt{2}E\sin\omega t$$

ここで，

$$q(t) = Cv(t), \quad i(t) = \frac{\mathrm{d}q(t)}{dt} = C\frac{\mathrm{d}v(t)}{dt}$$

だから，

$$LC\frac{\mathrm{d}^2 v(t)}{dt^2} + v(t) = \sqrt{2}E\sin\omega t$$

となる．ただし，$v(0) = 0$，$\mathrm{d}v/\mathrm{d}t|_{t=0} = i(0)/C = 0$ である．

定常解 $v_s(t)$ を求めるためにフェーザ表示を用いる．$v(t) \to \dot{V}$, $\mathrm{d}/\mathrm{d}t \to j\omega$, $\sqrt{2}E\sin\omega t \to \dot{E} = E\angle 0 = E$ と置き換えると，

$$\dot{V} = \frac{1/j\omega CR}{j\omega L + 1/j\omega CR}E = \frac{1}{1-\omega^2 LC}E$$

となる．瞬時値に戻せば，次のようになる．

$$v_s(t) = \frac{\sqrt{2}E}{1-\omega^2 LC}\sin\omega t$$

また，特性方程式

$$LCp^2 + 1 = 0$$

より，特性根は $p = \pm j/\sqrt{LC}$ だから，過渡解は次のようになる．

$$v_t(t) = A\cos\frac{1}{\sqrt{LC}}t + B\sin\frac{1}{\sqrt{LC}}t$$

ここで，A，B は初期条件で定まる定数である．

したがって，$v(t)$ の一般解は

$$v(t) = \frac{\sqrt{2}E}{1-\omega^2 LC}\sin\omega t + A\cos\frac{1}{\sqrt{LC}}t + B\sin\frac{1}{\sqrt{LC}}t$$

で，その微分（導関数）は

$$\begin{aligned}\frac{\mathrm{d}v(t)}{\mathrm{d}t} &= \frac{1}{C}\frac{\mathrm{d}q(t)}{\mathrm{d}t} = \frac{1}{C}i(t) \\ &= \frac{\sqrt{2}\omega E}{1-\omega^2 LC}\cos\omega t - \frac{A}{\sqrt{LC}}\sin\frac{1}{\sqrt{LC}}t + \frac{B}{\sqrt{LC}}\cos\frac{1}{\sqrt{LC}}t\end{aligned}$$

となる．初期条件より $v(0) = 0$，$\mathrm{d}v/\mathrm{d}t|_{t=0} = 0$ だから，次のようになる．

$$\begin{cases} A = 0 \\ \dfrac{\sqrt{2}\omega E}{1-\omega^2 LC} + \dfrac{B}{\sqrt{LC}} = 0 \end{cases}$$

$$\therefore A = 0, \quad B = -\frac{\sqrt{2}\omega\sqrt{LC}E}{1-\omega^2 LC}$$

よって，解 $v(t)$ は

$$\begin{aligned}v(t) &= \frac{\sqrt{2}E}{1-\omega^2 LC}\sin\omega t - \frac{\sqrt{2}\omega\sqrt{LC}E}{1-\omega^2 LC}\sin\frac{1}{\sqrt{LC}}t \\ &= \frac{\sqrt{2}E}{1-\omega^2 LC}\left(\sin\omega t - \omega\sqrt{LC}\sin\frac{1}{\sqrt{LC}}t\right) \\ &= \frac{\sqrt{2}E}{1-\left(\dfrac{\omega}{1/\sqrt{LC}}\right)^2}\left(\sin\omega t - \frac{\omega}{1/\sqrt{LC}}\sin\frac{1}{\sqrt{LC}}t\right) \qquad (1)\end{aligned}$$

となる．

ここで，$\omega \ll 1/\sqrt{LC}$ のときには $\omega/(1/\sqrt{LC}) \approx 0$ となるので，$\omega/(1/\sqrt{LC})$ を含む項は無視できて，

$$v(t) \approx \sqrt{2}E\sin\omega t$$

である．

参考のため，$L = 100$ [mH], $C = 0.1$ [μF], $\sqrt{2}E = 100$ [V] としたときの $v(t)$ のシミュレーション例† を図 3.17 に示す．上の波形が電源周波数 50 [Hz]，下の波形が 500 [Hz] のときのシミュレーション波形である．回路の固有周波数は $1/2\pi\sqrt{LC} = 1592$ [Hz] なので，電源周波数が 50 [Hz] のときにはほとんど過渡現象が生じない（式 (1) の右辺第 2 項が無視できる）ため，解はほぼ電源と等しい周波数の sin 波であることがわかる．

† PSIM デモ版を使用した．

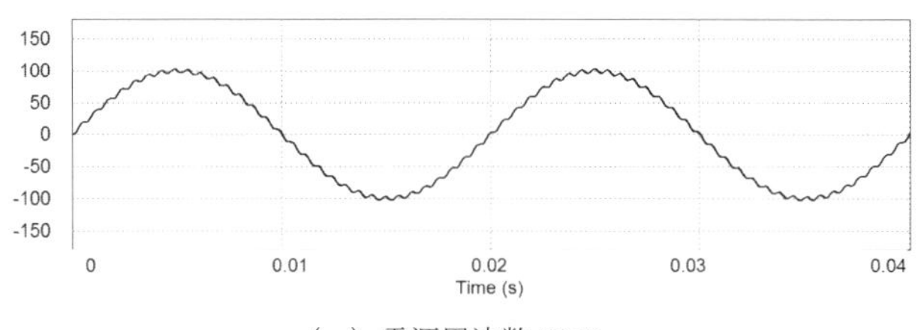

（a）電源周波数 50 Hz

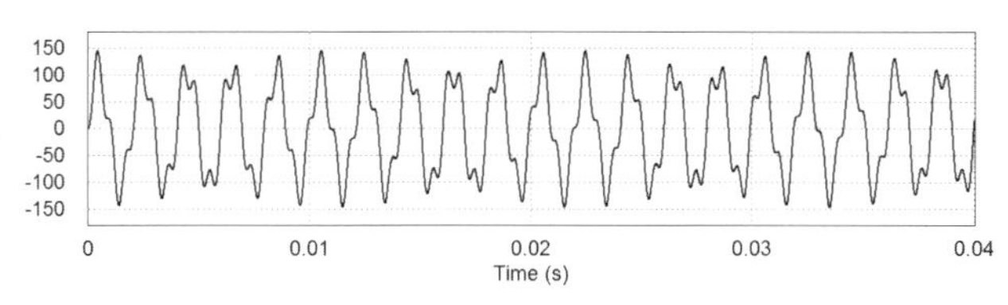

（b）電源周波数 500 Hz

図 3.17 **$v(t)$ のシミュレーション例**
($L = 100$ [mH], $C = 0.1$ [μF], $\sqrt{2}E = 100$ [V])

演習問題

3.1 問図 3.1 の回路において，$e(t) = E_m \sin \omega t$ [V] であり，スイッチが開いていて定常状態にあったとする．時刻 $t = 0$ でスイッチを閉じたときの電流 $i(t)$ の式を求め，グラフの概形を図示せよ．

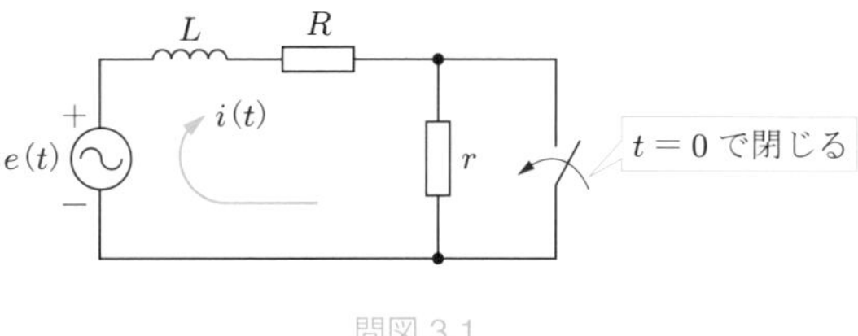

問図 3.1

3.2 図 3.7 の R-C 直列回路において過渡現象が生じないためには，スイッチを閉じる時刻（投入位相）をどのようにすればよいか．理由を説明しながら答えよ．

3.3 問図 3.2 の回路において，$e(t) = E_m \sin \omega t$ [V] であり，当初，スイッチは a 側にも b 側にも入れられておらず，コンデンサに電荷はなかったものとする．時刻 $t = 0$ [s] でスイッチを a 側に入れ，$t = \pi/\omega$ [s] で b 側に切り替えた．回路を流れる電流 $i(t)$ の式を求め，グラフの概形を図示せよ．

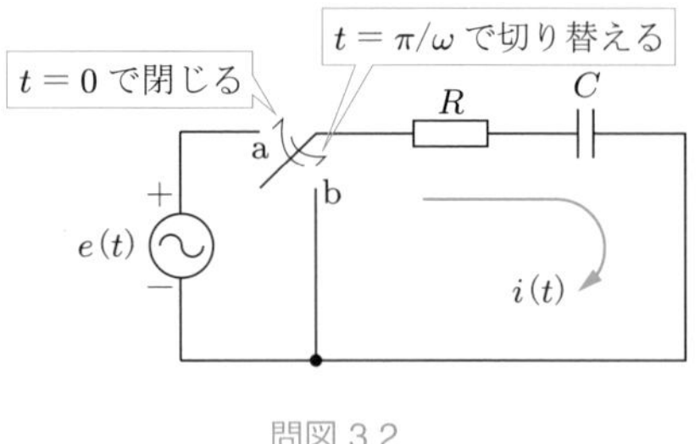

問図 3.2

3.4 図 3.13 に示した R-L-C 直列回路に，時刻 $t = 0$ でスイッチを閉じて正弦波交流電源電圧 $e(t) = \sqrt{2}E\sin\omega t\,[\mathrm{V}]$ を印加する．ただし，電源の角周波数は $\omega = 1/\sqrt{LC}\,[\mathrm{rad/s}]$（共振角周波数）で，かつ $(R/2L)^2 \ll 1/LC$ であるとする．$t \geq 0$ における電流の近似式を求め，グラフの概形を図示せよ．

方形波電圧（非正弦波交流電圧）を印加した場合の過渡現象

非正弦波交流における過渡現象の解のうち，過渡解は直流の場合と同じなのでとくに問題はないが，定常解を求めるのは少々やっかいである．3章では，正弦波交流における定常解を求めるためにフェーザ表示法（ベクトル記号法）を用いたが，非正弦波交流の場合は単純にはいかない．非正弦波交流をフーリエ級数に展開し，各調波についてフェーザ表示法により正弦波応答を計算した後にそれらの和をとるか，5章で説明するラプラス変換による方法を用いることになる．

ただし，代表的な非正弦波交流である方形波は，直流電源が周期的に印加されているとみなすことができ，4章で学んだ直流過渡現象の解析結果を利用できる．本章では，方形波電圧を印加した場合の過渡現象について述べる．

4.1 方形波電圧印加 R-L 直列回路の過渡現象

図 4.1 のように，抵抗 $R\,[\Omega]$ とインダクタ $L\,[\mathrm{H}]$ からなる直列回路に，時刻 $t=0$ で大きさ $\pm E\,[\mathrm{V}]$，周期 $T\,[\mathrm{s}]$ の方形波電圧を印加した場合の電流 $i(t)$ を解析する．ただし，スイッチを閉じる前には電流は流れていなかったものとする．

ここで，R-L 回路は我々が通常使用している電気機器に，方形波電源は**インバータ**に相当する．つまり，図 4.1 の回路は，インバータで駆動される電気機器の基本動作を知るためのモデル回路といえる†．

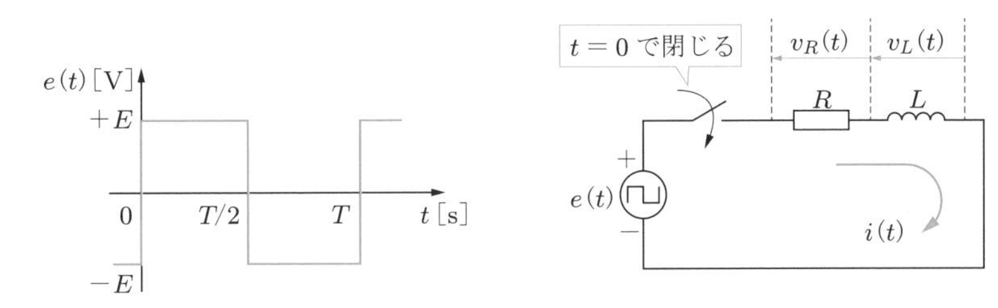

図 4.1　**R-L 直列回路（方形波電圧印加）**

† 実用のインバータは単純な方形波インバータではなく，出力電流を正弦波に近づけるようにパルス幅に変調を施した PWM インバータであり，電流容量の大きい事業用回路では三相 PWM インバータが用いられる．詳しくは電気機器工学関係の文献を参考にされたい．

回路方程式は

$$Ri(t) + L\frac{\mathrm{d}i(t)}{\mathrm{d}t} = e(t) \tag{4.1}$$

であり，特性方程式 $R + pL = 0$ の解（特性根）は $p = -R/L$ である．したがって，式 (4.1) の定常解を $i_s(t)$ とすると，解 $i(t)$ は

$$i(t) = i_s(t) + Ke^{-\frac{R}{L}t} \tag{4.2}$$

となる．定常解 $i_s(t)$ を求めることができれば解 $i(t)$ が得られることになる．

まずは回路の動作を定性的に考えてみよう．回路には $+E$ [V] と $-E$ [V] が交互に印加されるから，2.1 節で学んだ R-L 回路の直流過渡現象を基にして，図 4.2 のような，

- 直流 $+E$ [V] が印加されたときの R-L 回路の過渡現象（図 (a)）
- 直流 $-E$ [V] が印加されたときの R-L 回路の過渡現象（図 (b)）

が繰り返されると考える．$e(t) = +E$ [V] のとき，電流は $+E/R$ [A] に向かって上昇，$e(t) = -E$ [V] のとき，電流は $-E/R$ [A] に向かって下降する．図 4.1 の回路における動作は，図 4.2 の動作を半周期 $T/2$ で繰り返すことに相当する．

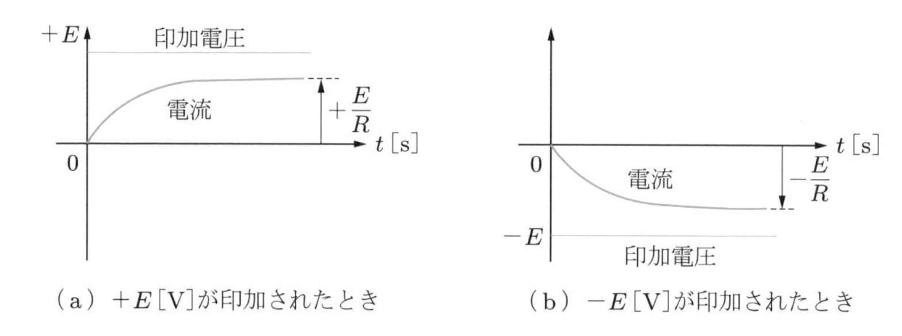

図 4.2　**R-L 直列回路に直流 $+E$ [V]，$-E$ [V] が印加されたときの電流の様子**

つまり，過渡電流 $i_t(t)$ が消滅するまで過渡現象が生じるが，定常電流 $i_s(t)$ のみが流れる状態になっても，$e(t) = +E$ [V] のときと $e(t) = -E$ [V] のとき，それぞれのモード（状態）の中でも過渡現象が起きていると考えられる．

図において，方形波電圧に対する定常解 $i_s(t)$（のこぎり波状）の振幅を $\pm I_0$ とすると，初期値が 0 の下で，過渡解は

$$i_t(t) = I_0 e^{-\frac{R}{L}t} \tag{4.3}$$

ということがわかる．

ただし，交互に電圧が切り替わる際，その直前において回路に流れている電流は 0 ではないことに注意が必要である．したがって図 4.2 とは異なり，電流は，切り替わ

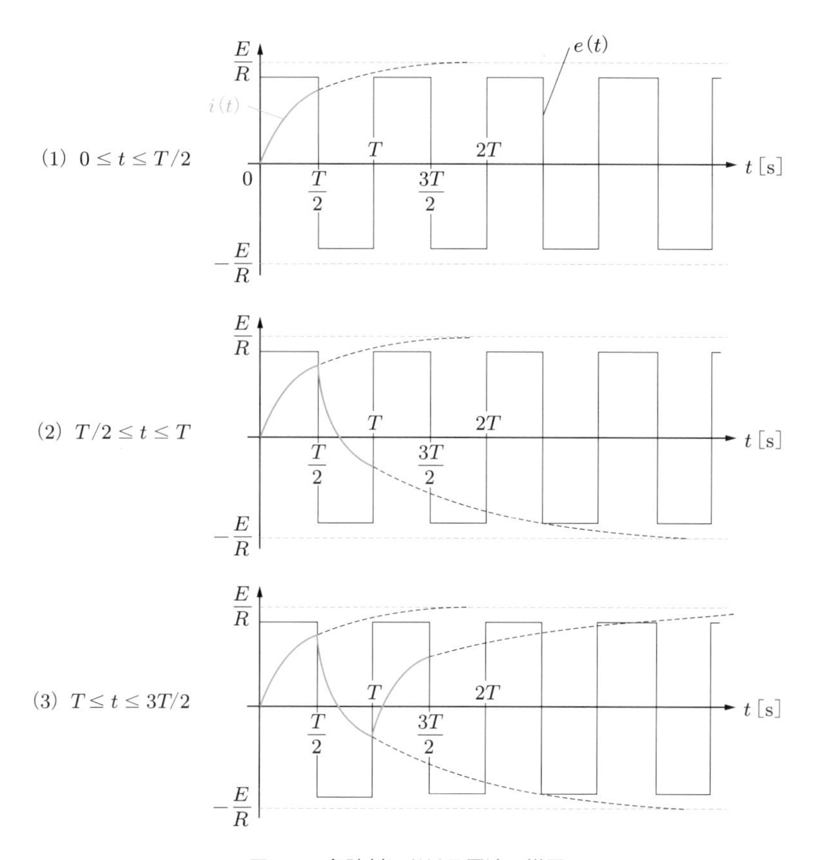

図 4.3　各時刻における電流の様子

る直前の値を初期値として，上昇あるいは下降していく．各時刻における電流 $i(t)$ の様子を見てみると，図 4.3 のようになる．

(1) $0 \leq t \leq T/2$：

図 4.2(a) の特性により，0 を初期値にして $+E/R$ に向かって上昇

(2) $T/2 \leq t \leq T$：

図 4.2(b) の特性により，(1) の最終値を初期値にして $-E/R$ に向かって下降

(3) $T \leq t \leq 3T/2$：

図 4.2(a) の特性により，(2) の最終値を初期値にして $+E/R$ に向かって上昇

以降，これを繰り返すことになる．

その結果，図 4.4 のように，時間とともに過渡解 $i_t(t)$ が減少して平均値が 0 になった時点（$t \to \infty$）で，のこぎり波（交流の定常解）となって落ち着く．

定常解 $i_s(t)$ のそれぞれのモードの式は，直流過渡現象解析の結果を利用して導くこ

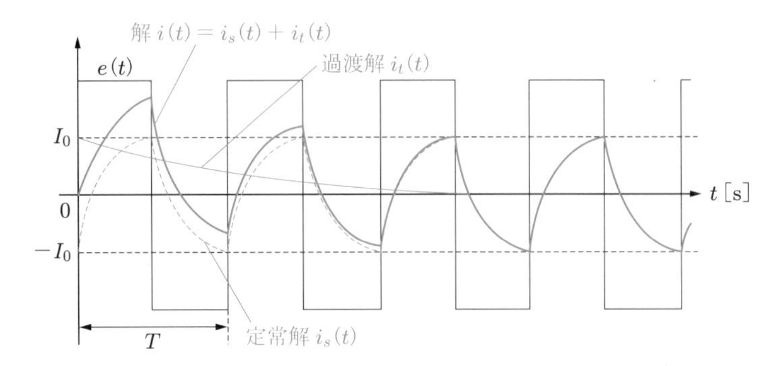

図 4.4　***R-L*** 直列回路に方形波電圧が印加されたときの電流波形

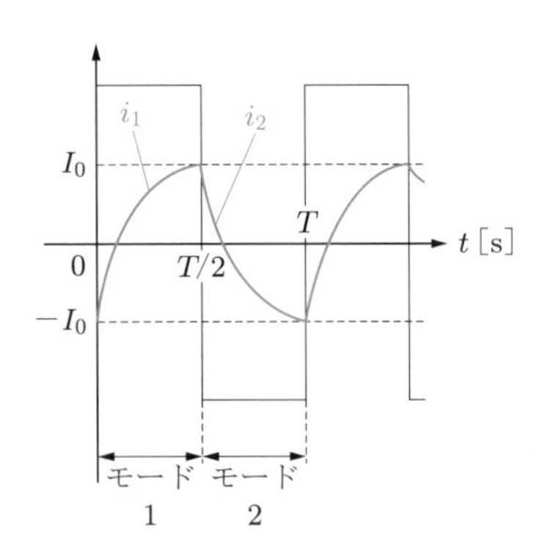

図 4.5　***R-L*** 直列回路に方形波電圧が印加されたときの定常電流

とができる．図 4.5 のように，$0 \leq t \leq T/2$（モード 1）における電流を i_1 とすると，その一般解は，式 (2.26) より，

$$i_1 = \frac{E}{R} + K_1 e^{-\frac{R}{L}t} \tag{4.4}$$

と書ける．ここで，K_1 は定数である．モード 1 の初期条件は “$t = 0$ のとき $i_1 = -I_0$” であることから，次のようになる．

$$\frac{E}{R} + K_1 = -I_0$$

$$\therefore K_1 = -\left(I_0 + \frac{E}{R}\right)$$

したがって，

$$i_1 = \frac{E}{R} - \left(I_0 + \frac{E}{R}\right) e^{-\frac{R}{L}t} \tag{4.5}$$

となる．

$T/2 \leq t \leq T$（モード2）における電流 i_2 は，グラフの対称性から，式 (4.5) において $E \to -E$，$I_0 \to -I_0$，$t \to t - T/2$ とすればよい．したがって，

$$i_2 = -\frac{E}{R} + \left(I_0 + \frac{E}{R}\right) e^{\frac{RT}{2L}} e^{-\frac{R}{L}t} = -\frac{E}{R} + \left(I_0 + \frac{E}{R}\right) e^{-\frac{R}{L}\left(t - \frac{T}{2}\right)} \tag{4.6}$$

となる．

例題 4.1 I_0 の値を求めよ．

解答 $t = T/2$ で定常解 $i_s(t)$ は連続であり，$i_1 = i_2$ だから，式 (4.5) と式 (4.6) から

$$\frac{E}{R} - \left(I_0 + \frac{E}{R}\right) e^{-\frac{RT}{2L}} = I_0$$

となる．この式から I_0 を解いて，

$$I_0 = \frac{1 - e^{-\frac{RT}{2L}}}{1 + e^{-\frac{RT}{2L}}} \cdot \frac{E}{R}$$

となる．

なお，式 (4.5) において，$(R/L)t \approx 0$ の近傍（$(R/L)t$ が非常に小さい範囲）では，

$$i_1 \approx \frac{E}{R} - \left(I_0 + \frac{E}{R}\right)\left(1 - \frac{R}{L}t\right) = \frac{1}{L}(RI_0 + E)\,t - I_0 \tag{4.7}$$

となり，i_1 は，傾き $(RI_0 + E)/L$，切片 $-I_0$ の1次関数とみなせる†．

したがって，印加電圧 $e(t) = E$（一定）を入力信号，抵抗 R の端子電圧 $v_R(t) = Ri(t)$ を出力信号とみれば，出力信号を微分したものが入力信号に対応している．逆にいえば，出力信号は入力信号の積分に対応している．式 (4.6) についても同様の事がいえる．

つまり，時定数が大きくなる（R/L の値が非常に小さくなる）ように回路定数を選べば，R-L 回路は印加電圧 $e(t)$ を入力信号，電流 $i(t)$ を出力信号として，図 4.6 のよ

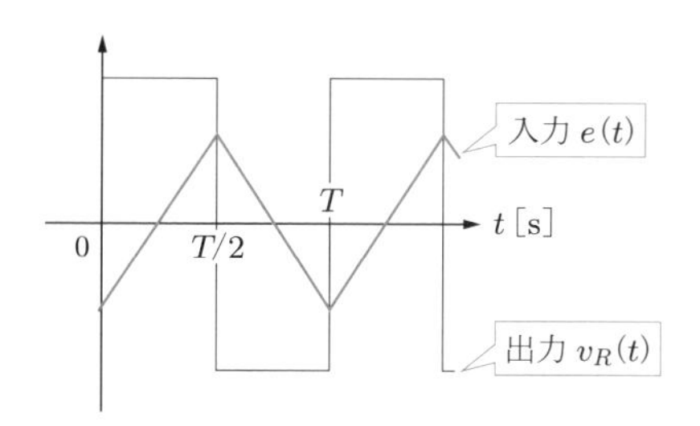

図 4.6　積分回路応答（$\boldsymbol{R \ll L}$ のときの $\boldsymbol{R}$-$\boldsymbol{L}$ 直列回路方形波応答）

† $x \approx 0$ の近傍では $e^{\pm ax} \approx 1 \pm ax$ と近似できる．

うになる．すなわち，出力信号は入力信号（ここでは半周期ごとにプラスとマイナスの一定値）を積分したものとなり，**積分回路**として動作する．

例題 4.2 図 4.7 のように，R-L 直列回路に，時刻 $t = 0$ で大きさ $\pm E$ [V]，周期 T [s] の方形波電圧を印加する．$t \to \infty$ におけるインダクタ端子電圧 $v(t)$（定常電圧）のグラフの概形を図示せよ．

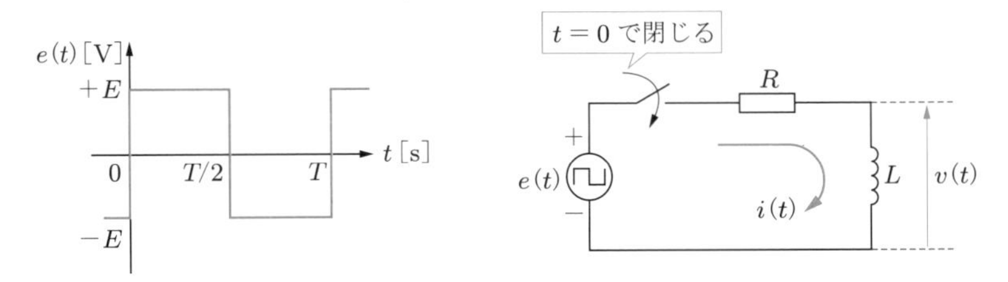

図 4.7

解答 $t \to \infty$ になって方形波応答としての過渡現象は消滅したと考えても，電源電圧が $+E$ [V] から $-E$ [V] へ，$-E$ [V] から $+E$ [V] へ切り替わるたびに，そのモードの中で過渡現象の繰り返しが起こる．したがって，電流 $i(t)$ とインダクタ端子電圧 $v(t)$ のグラフは図 4.8 のようになる．

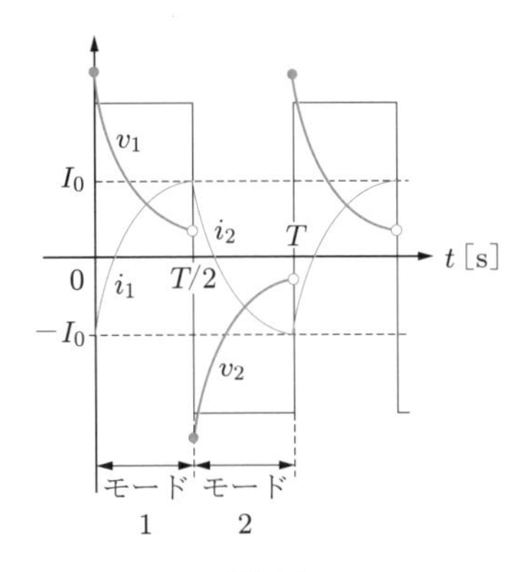

図 4.8

モード 1 における電流 $i_1(t)$ は最終値 $+E/R$ [A]（定常解）に向かって増加し，モード 2 における電流 $i_2(t)$ は最終値 $-E/R$ [A]（定常解）に向かって減少する．インダクタ端子電圧は $L\mathrm{d}i(t)/\mathrm{d}t$ であり，$i(t)$ の傾きで表されるから，そのグラフは $v_1(t)$，$v_2(t)$ のようになる．

なお，各モードにおける時定数 L/R が小さい（R/L が大きい）ときは，v_1，v_2 は短時間で 0 に近づき，インパルス状となる．したがって，電源電圧 $e(t)$（モードごとにプラスまたはマイナスの一定値）を入力信号，インダクタ端子電圧 $v(t)$ を出力信号とみれば，回路は微分回路として動作する．一方で，電流 $i(t)$ を出力信号とみれば，積分回路といえる．

4.2 方形波電圧印加 R-C 直列回路の過渡現象

図 4.9 のように，抵抗 $R\,[\Omega]$ とコンデンサ $C\,[\mathrm{F}]$ からなる直列回路に，時刻 $t=0$ で大きさ $\pm E\,[\mathrm{V}]$，周期 $T\,[\mathrm{s}]$ の方形波電圧を印加した場合の電流 $i(t)$ を解析する．ただし，スイッチを閉じる前にはコンデンサに電荷はなかったものとする．

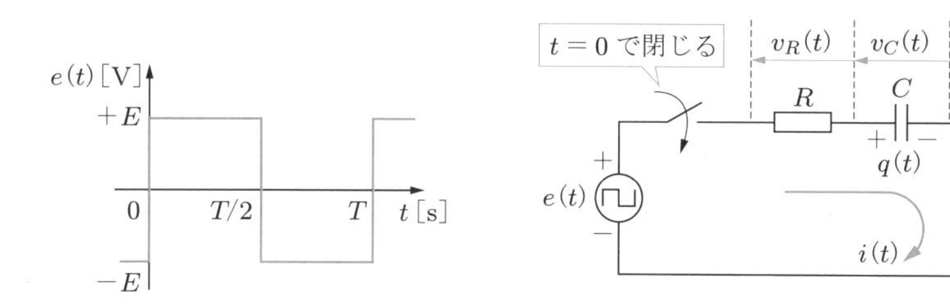

図 4.9　**R-C 直列回路（方形波電圧印加）**

回路の動作を定性的に考えてみよう．回路には $+E\,[\mathrm{V}]$ と $-E\,[\mathrm{V}]$ が交互に印加されるから，2.2 節で学んだ R-C 直列回路の直流過渡現象を基にして，図 4.10 のような

- 直流 $+E\,[\mathrm{V}]$ が印加されたときの R-C 回路の過渡現象（図 (a)）
- 直流 $-E\,[\mathrm{V}]$ が印加されたときの R-C 回路の過渡現象（図 (b)）

が繰り返されると考える．$e(t)=+E\,[\mathrm{V}]$ のとき，電荷は $+CE\,[\mathrm{C}]$ に向かって上昇し，電流は $+E/R\,[\mathrm{A}]$ から 0 に向かって下降する．$e(t)=-E\,[\mathrm{V}]$ のときには，電荷は $-CE\,[\mathrm{C}]$ に向かって下降し，電流は $-E/R\,[\mathrm{A}]$ から 0 に向かって上昇する．

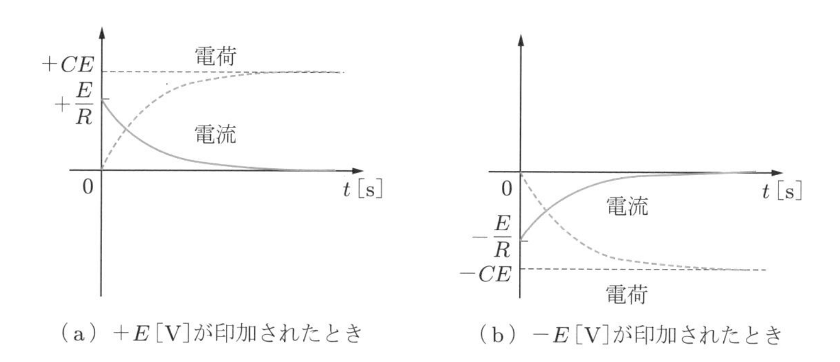

図 4.10　**R-L 直列回路に直流 $+E\,[\mathrm{V}]$，$-E\,[\mathrm{V}]$ が印加されたときの電流の様子**

図 4.9 の回路における動作は，図 4.10 の動作を半周期 $T/2$ で繰り返すことに相当し，電荷の初期値は 0 としたので，図 4.11 のように，電荷は過渡解の減少につれて，のこぎり波状の定常解に近づき，電流は過渡解の減少につれて，先の尖った方形状の定常解に近づいていく．電荷の変化の様子は，R-L 回路における電流の変化（図 4.4）

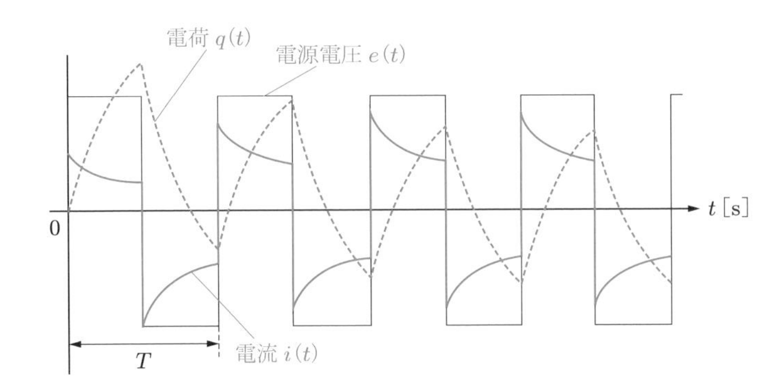

図 4.11　***R*-*C*** 直列回路に方形波電圧が印加されたときの電荷と電流の様子

と類似している．また，過渡現象は過渡解が消滅するまで続くが，定常状態になっても，$e(t) = +E$ [V] のときと $e(t) = -E$ [V] のとき，それぞれのモード（状態）の中でも過渡現象が起きていると考えられる．

なお，例題 4.2 と同様，時定数 RC が小さい（$1/RC$ の値が大きい）とき，電流は瞬時に立ち下がる減衰指数関数となり，インパルス波形に近くなる．

このとき，印加電圧 $e(t)$ を入力信号，抵抗の端子電圧 $v_R(t) = Ri(t)$ を出力信号とすると，図 4.12 のように，出力信号 $v_R(t)$ は入力信号（ここでは半周期ごとにプラスとマイナスの一定値）$e(t)$ を微分したものとなり，**微分回路**として動作する†．

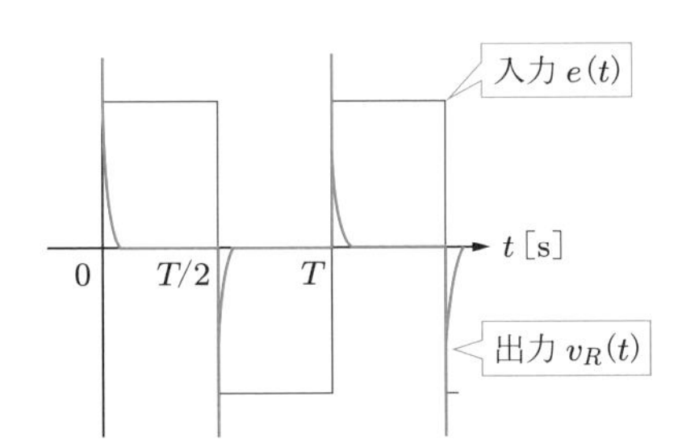

図 4.12　微分回路応答（$\boldsymbol{RC \ll 1}$ のときの ***R*-*L*** 直列回路方形波応答）

例題 4.3　図 4.13 のように，*R*-*C* 直列回路に，時刻 $t = 0$ で大きさ $\pm E$ [V]，周期 T [s] の方形波電圧を印加する．$t \to \infty$ におけるコンデンサ端子電圧 $v(t)$（定常電圧）のグラフの概形を図示せよ．

---

† 理論上，入力の立ち上がりと立ち下がりの瞬間には出力は $\pm\infty$ で，入力がプラスとマイナスの一定値のときには出力は 0 になる．

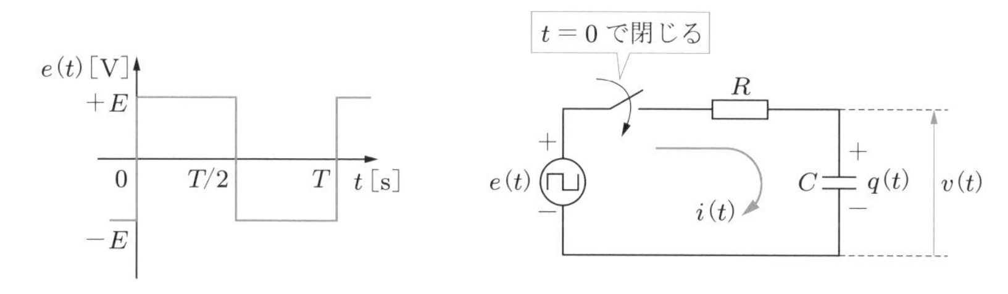

図 4.13

解答　$t \to \infty$ になって方形波応答としての過渡現象は消滅したと考えても，電源電圧が $+E$ [V] から $-E$ [V] へ，$-E$ [V] から $+E$ [V] へ切り替わるたびに，電荷 $q(t)$ の移動が起こり，充放電が繰り返される．したがって，コンデンサ端子電圧 $v(t) = q(t)/C$ のグラフは，図 4.14 のようになる．

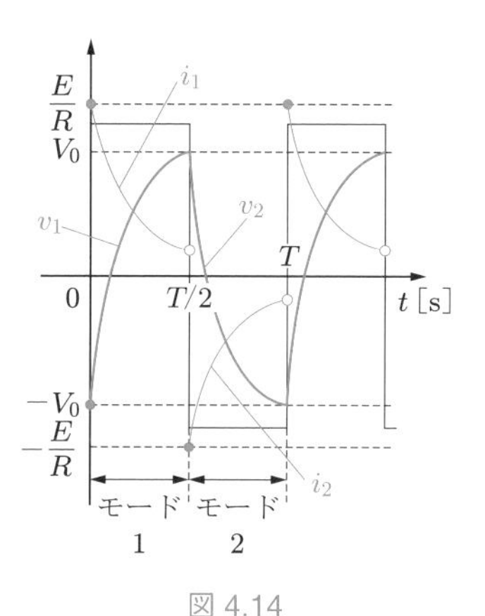

図 4.14

時定数 RC が大きい（$1/RC$ の値が小さい）とき，コンデンサ端子電圧の変化は緩やかとなり，1 次関数で近似できる．したがって，電源電圧 $e(t)$（モードごとにプラスまたはマイナスの一定値）を入力信号，コンデンサ端子電圧 $v(t)$（時間 t についての 1 次関数）を出力信号とみれば，図 4.13 の回路は積分回路として動作する．一方で，電流 $i(t)$ を出力信号とみれば，微分回路といえる．

4.3 方形波電圧印加 R-L-C 直列回路の過渡現象

図 4.15 のように，抵抗 R [Ω] とインダクタ L [H]，コンデンサ C [F] からなる直列回路に，時刻 $t = 0$ で $\pm E$ [V]，周期 T [s] の方形波電圧を印加した場合の電流 $i(t)$ を解析する．ただし，スイッチを閉じる前にはコンデンサに電荷はなかったものとする．また，R-L-C 回路の直流過渡現象は振動性（減衰振動），非振動性（減衰），臨界減衰

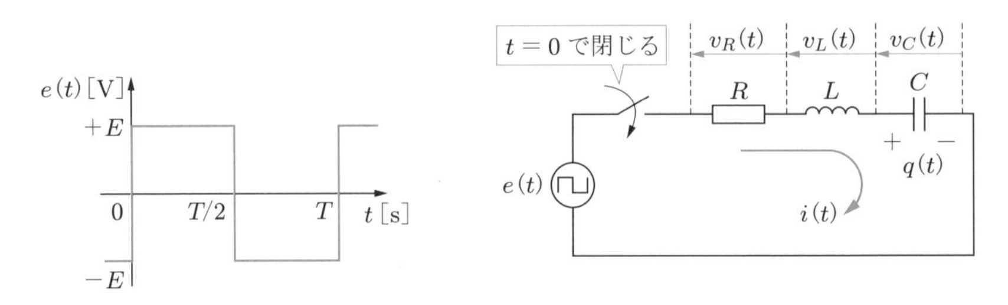

図 4.15　***R-L-C*** **直列回路（方形波電圧印加）**

の 3 通りに分けられるが，方形波電圧印加の R-L-C 回路が実際に応用されるのは振動性の場合なので，その場合についてのみ検討することにする†.

回路の動作を定性的に考えてみよう．回路には $+E$ [V] と $-E$ [V] が交互に印加されるから，2.4 節で学んだ R-L-C 直列回路の直流過渡現象を基にして，図 4.16 のような，

- 直流 $+E$ [V] が印加されたときの R-L-C 回路の過渡現象（図 (a)）
- 直流 $-E$ [V] が印加されたときの R-L-C 回路の過渡現象（図 (b)）

が繰り返されると考える.

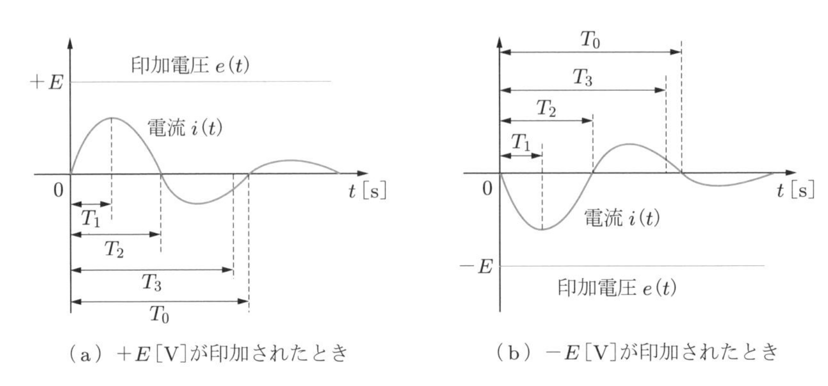

図 4.16　***R-L-C*** **直列回路に方形波電圧が印加されたときの電流の様子**

図 4.15 の回路において，電荷と電流の過渡解が消滅するまで過渡現象が生じるが，定常解のみが存在する状態になっても，$e(t) = +E$ [V] のときと $e(t) = -E$ [V] のとき，それぞれのモード（状態）の中でも過渡現象が起きていると考えられる．ここでは説明を簡素化するために，電流の定常解のみに着目することにする.

図 4.15 の回路における動作は，図 4.16 の動作を半周期 $T/2$ で繰り返すことに相当

† 回路方程式の過渡解の振る舞いを表す特性方程式の判別式が負の場合である.

するが，$+E$ と $-E$ の切り替えタイミングによって電流のグラフは変化する．切り替えタイミングを図 4.16 に示す T_1，T_2，T_3 の 3 通りに分け，それぞれの場合について定常状態における動作を考えると，図 4.17 のようになる．なお，定常状態では電流 $i(t)$ の平均値は 0 になる．

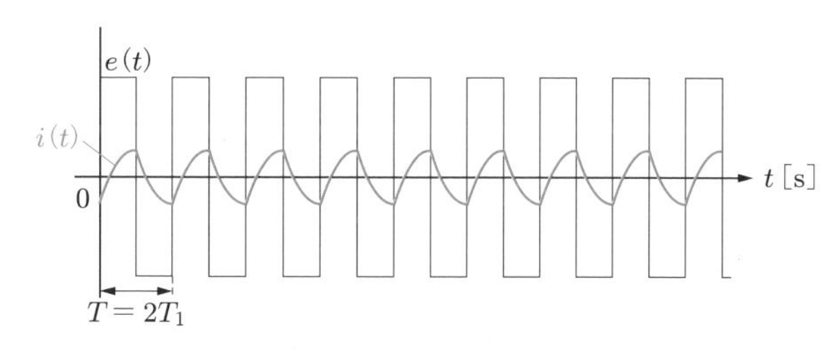

（a）電源周波数が高い場合

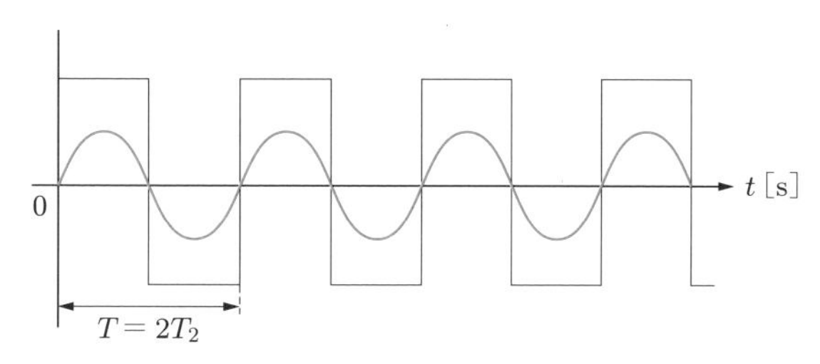

（b）電源周波数が回路の固有周波数に等しい場合

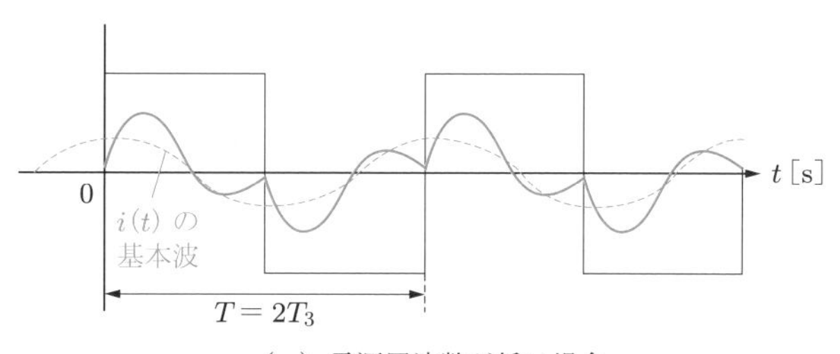

（c）電源周波数が低い場合

図 4.17 **R-L-C 直列回路に方形波電圧が印加されたときの電流の様子**

それぞれ，

- 電源周波数が高い場合（図 (a)，周期 $T = 2T_1$ の場合）
- 電源周波数が回路の固有周波数に等しい場合（図 (b)，周期 $T = 2T_2$ の場合）
- 電源周波数が低い場合（図 (c)，周期 $T = 2T_3$ の場合）

の定常電流の様子を示す．ただし，$T_1 = T_0/4$，$T_2 = T_0/2$，$3T_0/4 < T_3 \leq T_0$ である．

図 (a) は図 4.16 における時間 T_1 で電圧を $+E$ [V] と $-E$ [V] に交互に切り替えた

場合の電流波形である．切り替えの周期が小さく，周波数は大きい．電流のグラフは R-L 回路の場合のグラフに近くなる．ここでの電源電圧は正弦波電圧ではないが，目安として基本波† の角周波数 ω に着目すると，ω が大きいためインダクタのリアクタンス $\omega L\,[\Omega]$ が大きく，コンデンサのリアクタンス $1/\omega C\,[\Omega]$ は小さいので，コンデンサの影響は小さくなる．そのため，基本波についていえば，印加電圧に対する電流の位相は遅れとなり，周波数が高いほど電流の実効値は小さくなる．

図 (b) は図 4.16 における時間 T_2 で電圧を $+E\,[\mathrm{V}]$ と $-E\,[\mathrm{V}]$ に交互に切り替えた場合の電流波形である．切り替えの周期 $2T_2$ は，式 (2.105) に示した R-L-C 直列回路の直流過渡現象の周期（固有周期）

$$T_0 = \frac{2\pi}{\sqrt{\dfrac{1}{LC} - \left(\dfrac{R}{2L}\right)^2}}\,[\mathrm{s}] \tag{4.8}$$

に等しいので，電源周波数は固有周波数

$$f_0 = \frac{1}{T} = \frac{1}{2\pi}\sqrt{\frac{1}{LC} - \left(\frac{R}{2L}\right)^2}\,[\mathrm{Hz}] \tag{4.9}$$

に等しい．この場合，電流が 0 になった時刻で印加電圧が $+E\,[\mathrm{V}]$ と $-E\,[\mathrm{V}]$ に切り替わるので，電流は印加電圧が方形波（非正弦波）にもかかわらず，電流波形は正弦波に近い形となり，位相は印加電圧と同相になる．この現象は電源周波数が回路の固有周波数に等しくなったときに起こり，基本波についてはインダクタとコンデンサのリアクタンスが相殺すると考えてよい．つまり，基本波については**共振（直列共振）**が生じている．その結果，図 (a) の場合よりも大きな電流が流れることになる．ちなみに，式 (4.9) において，回路の抵抗 R が小さいとき

$$f_0 \approx \frac{1}{2\pi}\sqrt{\frac{1}{LC}} = \frac{1}{2\pi\sqrt{LC}}\,[\mathrm{Hz}] \tag{4.10}$$

となる．これは正弦波交流回路における共振周波数である．

図 (c) は図 4.16 における時間 T_3 で電圧を $+E\,[\mathrm{V}]$ と $-E\,[\mathrm{V}]$ に交互に切り替えた場合の電流波形であり，かなり歪んだ波形となる．この場合，電流の実効値は図 (b) の場合よりも小さくなり，電流の基本波の位相は印加電圧に対して進みとなる．なお，周波数が低くなればなるほど，この現象は顕著となる．

以上のように，回路方程式の過渡解が振動性になる条件にある R-L-C 直列回路に

† 方形波を含むあらゆる非正弦波は，フーリエ級数展開すると，基本波，2 倍調波，3 倍調波，$\cdots$ となる．基本波周波数を $f\,[\mathrm{Hz}]$ とすると，基本波の角周波数は $\omega = 2\pi f\,[\mathrm{rad/s}]$ である．

方形波電圧を印加して周波数を変化させると，

- 周波数が高い場合，電流の実効値は小さく，基本波の位相は印加電圧に対して遅れ
- 周波数が低い場合，電流の実効値は小さく，基本波の位相は印加電圧に対して進み
- 周波数が固有周波数に等しい場合，電流の実効値は大きく，位相は印加電圧に対して同相

という結果になる．

この現象は我々が利用する電気機器にも応用されている．例として IH 調理器†1，金属熱処理用の高周波誘導加熱装置等を駆動する**高周波インバータ**（高周波の方形波電圧発生回路）が挙げられる．いずれの機器でも，供給する電流は高周波（kHz オーダー）であることから，負荷回路のインダクタによるリアクタンスが非常に大きく，そのままでは十分な電流を供給できない．そこで，共振用コンデンサを付加し，運転周波数で共振が生じるようにコンデンサの静電容量を調整する．その結果，回路には十分な電流を供給することができる．しかも電流波形は正弦波に近くなるので高調波歪みを抑制できるうえ，電流の位相はほぼ電圧と同相になるので，力率も高くできる．さらに，電流が 0 のときに電圧切り替えが行われる（Zero Current Switching：ZCS）ので，スイッチング損失が少なく，スイッチングノイズも抑制できる†2．

例題 4.4　図 4.18 のように，R-L-C 直列回路に，時刻 $t=0$ で大きさ $\pm E$ [V]，周期 T [s] の方形波電圧を印加する．$t\to\infty$ における電流 $i(t)$（定常電流）の値がもっとも大きく，かつ，そのオン・オフのタイミング（位相）が印加電圧のそれと同じになるとき（共振状態）の印加電圧の周波数の条件を求めよ．

また，$R=2$ [Ω], $L=500$ [μH], $C=50$ [μF] のとき，この共振条件は満足されるか．もし満足される場合には，印加電圧の周波数を求めよ．

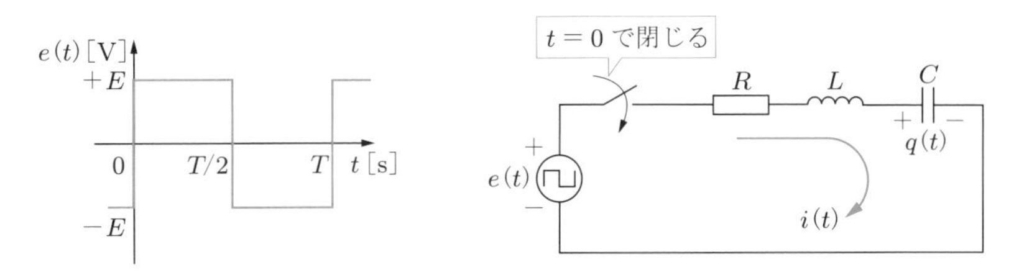

図 4.18

解答　“$t\to\infty$ における電流 $i(t)$（定常電流）の値がもっとも大きく，かつ，そのオン・オフのタイミング（位相）が印加電圧のそれと同じになる” とは，“電流 $i(t)$ や電荷 $q(t)$

†1　IH は Induction Heating（誘導加熱）の略である．
†2　詳しくはパワーエレクトロニクス，電気機器工学関係の文献を参考にされたい．

の固有周期が印加電圧 $e(t)$ の周期に等しい” ということである．

回路方程式は

$$Ri(t) + L\frac{di(t)}{dt} + \frac{1}{C}q(t) = e(t)$$

で，$i(t) = \mathrm{d}q(t)/\mathrm{d}t$ を考慮すると，

$$L\frac{\mathrm{d}^2q(t)}{\mathrm{d}t^2} + R\frac{\mathrm{d}q(t)}{\mathrm{d}t} + \frac{1}{C}q(t) = e(t)$$

となる．特性方程式は

$$Lp^2 + Rp + \frac{1}{C} = 0$$

で，特性根は次のようになる．

$$p = \frac{-R \pm \sqrt{R^2 - 4L/C}}{2L} = -\frac{R}{2L} \pm \sqrt{\left(\frac{R}{2L}\right)^2 - \frac{1}{LC}}$$

p が複素数のときに電荷 $q(t)$ と電流 $i(t)$ は振動性となる．つまり，

$$\left(\frac{R}{2L}\right)^2 - \frac{1}{LC} < 0$$

であり，

$$p = -\frac{R}{2L} \pm \sqrt{-\left\{\frac{1}{LC} - \left(\frac{R}{2L}\right)^2\right\}} = -\frac{R}{2L} \pm j\sqrt{\frac{1}{LC} - \left(\frac{R}{2L}\right)^2}$$

となる．ここで，

$$\alpha = \frac{R}{2L}, \quad \beta = \sqrt{\frac{1}{LC} - \left(\frac{R}{2L}\right)^2} \quad \text{（いずれも実数）}$$

とおくと，

$$p = -\alpha \pm j\beta$$

となり，β が固有角周波数である．したがって，固有周期 T_0 は

$$T_0 = \frac{2\pi}{\beta} = \frac{2\pi}{\sqrt{1/LC - (R/2L)^2}}$$

固有周波数は

$$f_0 = \frac{1}{T_0} = \frac{1}{2\pi}\sqrt{\frac{1}{LC} - \left(\frac{R}{2L}\right)^2}$$

である．

印加電圧 $e(t)$ の周波数 f が f_0 に等しければよいので，

$$f = \frac{1}{T} = \frac{1}{2\pi}\sqrt{\frac{1}{LC} - \left(\frac{R}{2L}\right)^2}$$

となる．もちろん，

$$\frac{1}{LC} - \left(\frac{R}{2L}\right)^2 > 0 \quad \text{すなわち} \quad \frac{1}{\sqrt{LC}} > \frac{R}{2L}$$

でなければならない．

また，$R = 2\,[\Omega]$, $L = 500\,[\mu\text{H}]$, $C = 50\,[\mu\text{F}]$ のときには，

$$\frac{1}{\sqrt{LC}} = 6324\,[1/\text{s}], \qquad \frac{R}{2L} = 2000\,[1/\text{s}]$$

なので，振動の条件は満足されており，振動の周波数は次のようになる．

$$f_0 = \frac{1}{2\pi}\sqrt{\frac{1}{LC} - \left(\frac{R}{2L}\right)^2} = 955\,[\text{Hz}]$$

【具体的な波形】　この条件の下で，回路シミュレータ PSIM によりシミュレーションを行うと，図 4.19 のようになる．電流 $i(t)$ が印加電圧 $e(t)$ と同相であり，ほぼ正弦波状であることがわかる．

【参考】　このシミュレーション例において，印加電圧 $e(t)$ の周波数を 2000 [Hz]，955 [Hz]

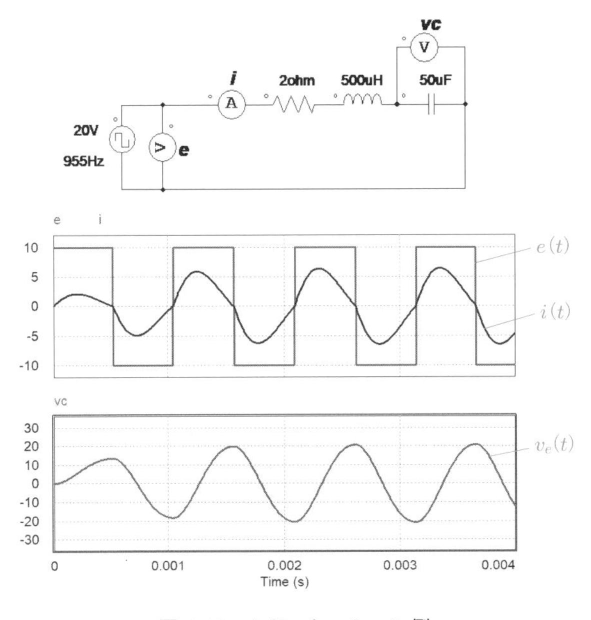

図 4.19　シミュレーション例

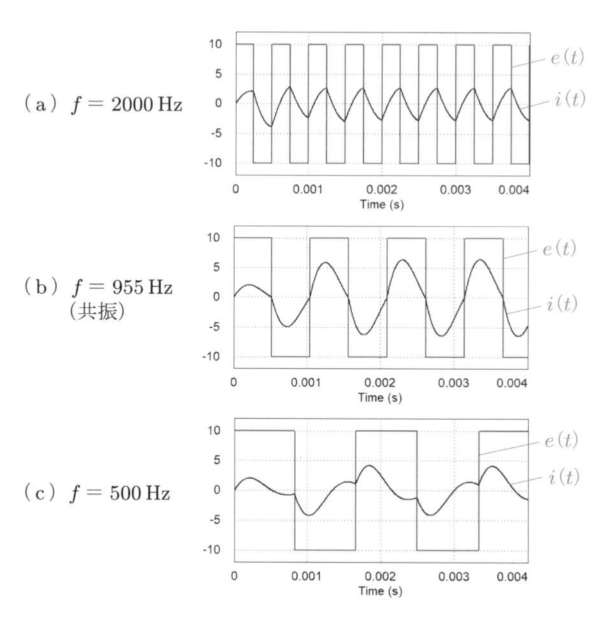

図 4.20　周波数を変化させたときの電流の様子（縦軸：[V]，[A]）

（共振），600 [Hz] と変化させた場合の電流 $i(t)$ の変化の様子を，図 4.20 に示す．図 4.17 で示したグラフ概形のとおりになることがわかる．

演習問題

4.1 問図 4.1(a) のように，R-L 直列回路に，時刻 $t = 0$ で 0 [V]〜E [V] のパルス電源電圧を印加する．十分時間が経過すると，電流波形は図 (b) のように，I_H と I_L の間で増加

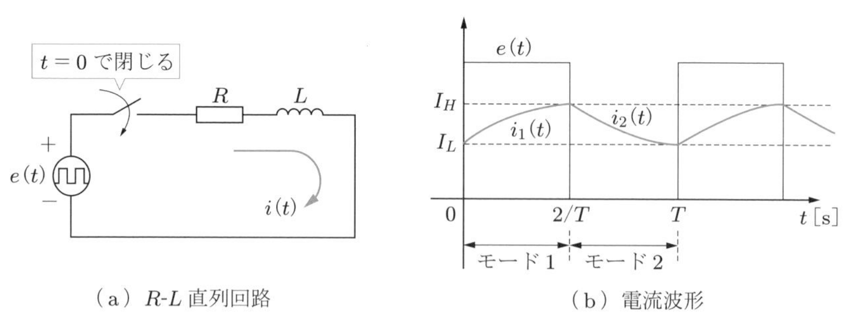

（a）R-L 直列回路　　（b）電流波形

問図 4.1

（モード 1）と減少（モード 2）を繰り返す[†]．このときの電流の式を求めよ．また，オン・オフの周期 T を短くすると（すなわち周波数を高くすると），近似的に $I_H \approx I_L = E/2R$ となることを示せ．

4.2 図 4.15 に示した方形波電圧を印加した R-L-C 直列回路において，回路が共振状態にある場合（図 4.17(b) の場合），コンデンサ端子電圧 $v_C(t)$ の大きさ，位相はどうなるか説明せよ．

† これが DC チョッパ（DC-DC 変換回路）の原理である．チョッパ周波数（$1/T$）を大きくしていくと電流の変動（リップル）は小さくなり，近似的に直流電流に近づく．通流期間（モード 1）を長くすれば電流は大きくなり，通流期間を短くすれば電流は小さくなる．

ラプラス変換を用いた電気回路の過渡現象解析

ここまで，直流，交流の過渡現象について物理的な内容を理解しながら古典的方法による解析を行った．しかし，取り上げた検討例は比較的簡素な回路であり，もう少し複雑な回路の場合には，古典的方法を用いると計算量が多くなるという問題がある．そこで，本章では形式的・自動的に解を得ることのできるラプラス変換法を取り上げる．さらに，時間領域における電気回路を初期条件も組み込んだ s 領域の等価回路に変換することにより，解析が簡素化されることを示す．

5.1 ラプラス変換を用いた微分方程式の解法

5.1.1 ラプラス変換とは

前章まで述べてきたように，微分方程式を直接解いて解を求める古典的方法は，物理的意味を考察するのには適しているが，微分の階数が多い場合や連立微分方程式の場合は難解になることが多い．そこで，比較的簡単に解を求める手段として**ラプラス変換**がある．これは簡単にいうと，“時間領域 t” で存在する関数を “複素数領域 s” に移すことにより，微分方程式を代数方程式に変換して，四則演算により解を求める方法である．そのイメージを図に示すと，図 5.1 の破線部分のようになる．一見，遠回りをしているようだが，計算は機械的に行えばよく，簡単化されるという利点がある．

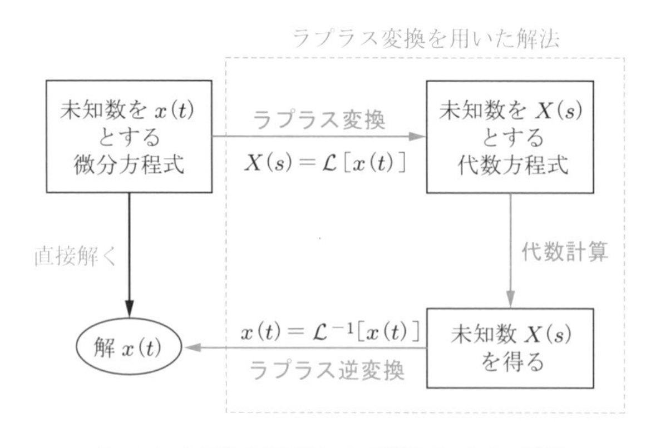

図 5.1　ラプラス変換による解法のイメージ図

微分方程式を直接解く方法でも，ラプラス変換を用いる方法でも，解の初期条件は必要になる．前者では解析の終盤で，一般解の式に含まれる任意定数（積分定数）の決定に用いるのに対し，後者では解析序盤でラプラス変換の操作に含まれる．

$t \geq 0$ における $x(t)$ のラプラス変換 $X(s)$ は

$$X(s) = \int_0^{+\infty} x(t)e^{-st}\,dt \tag{5.1}$$

で定義される[†1]．s は複素数であり，二つの実数 σ，ω を用いて $s = \sigma + j\omega$ と表される．なお，$x(t)$ のラプラス変換を $X(s) = \mathcal{L}[x(t)]$ と表記する．"$\mathcal{L}$" はラプラス変換を意味する．

$X(s)$ から $x(t)$ への**ラプラス逆変換**[†2] は

$$x(t) = \frac{1}{2\pi j}\int_{c-j\infty}^{c+j\infty} X(s)e^{st}ds \tag{5.2}$$

という複素積分で定義される．なお，$X(s)$ のラプラス逆変換を $x(t) = \mathcal{L}^{-1}[X(s)]$ と表記する．"$\mathcal{L}^{-1}$" はラプラス逆変換を意味する．また，本書ではラプラス変換された $X(s)$ を "**s 領域**の関数" と表現することにする．

この方法では，$x(t)$ のラプラス変換と $X(s)$ のラプラス逆変換を求めることがキーポイントになるが，そのつど，式 (5.1) と式 (5.2) を用いて積分計算するのは煩雑である．そこで，代表的な関数や関係式についてラプラス変換とラプラス逆変換の対応表（巻末の付表参照）を作っておき，実際の計算ではその対応関係を利用して解を求めることが一般的である．

次項で，基本的なラプラス変換則と代表的なラプラス変換対について述べる．

5.1.2 ラプラス変換定理とラプラス変換対

式 (5.1) を用いて，よく利用される基本的なラプラス変換則とラプラス変換対を求めると以下のようになる．実際に計算して，結果を確認してほしい．計算演習を繰り返しているうちに，以下の関係式が自然と身に付く．ただし，式 (5.1) の定義式（約束事といってよい）は覚えてほしい．以下にない関数のラプラス変換は，式 (5.1) によって計算すればよい．

---

†1　ラプラス変換は**フーリエ変換**に $e^{-\sigma t}$（σ は実数）という重み付けを加えたもので，フーリエ変換は**複素フーリエ級数展開**において周期を ∞ に拡張したものである．よって，ラプラス変換は時間領域で表された物理量を，虚部に周波数成分をもつ複素数領域に変換するものと考えてよい．詳しくは関係の文献を参考にされたい．なお，積分範囲の下限の $t = 0$ は $t = 0+$（第 2 種初期条件）を意味する．

†2　逆ラプラス変換ともいう．

(1) 線形則

$x_1(t)$, $x_2(t)$ の線形結合のラプラス変換は，

$$\mathcal{L}[a\,x_1(t) \pm bx_2(t)] = a\mathcal{L}[x_1(t)] \pm b\mathcal{L}[x_2(t)] \tag{5.3}$$

となる．ここで，a と b は定数である．

(2) 微分則

$x(t)$ の微分（導関数）のラプラス変換は，

$$\mathcal{L}\left[\frac{\mathrm{d}x(t)}{\mathrm{d}t}\right] = s\mathcal{L}\left[x(t)\right] - x(0) = sX(s) - x(0) \tag{5.4}$$

となる．ここに，初期値 $x(0)$ は過渡現象が始まった瞬時 $t = 0$ のときの値（すなわち第2種初期条件）を意味する．

2階微分の場合は，次のようになる．

$$\mathcal{L}\left[\frac{\mathrm{d}^2x(t)}{\mathrm{d}t^2}\right] = s^2X(s) - sx(0) - \left.\frac{\mathrm{d}x(t)}{\mathrm{d}t}\right|_{t=0} \tag{5.5}$$

3階以上の場合は，これを繰り返せばよい．

なお，各初期値が0の場合を考えれば，“n 階微分のラプラス変換” は “元の関数のラプラス変換に s^n を掛ける” ことに相当することが推察できよう†1．

(3) 積分則

$x(t)$ の積分のラプラス変換は，

$$\mathcal{L}\left[\int_0^t x(t)\,\mathrm{d}t\right] = \frac{1}{s}\mathcal{L}\left[x(t)\right] = \frac{1}{s}X(s) \tag{5.6}$$

となる．微分則と同様に，“n 回積分のラプラス変換” は “元の関数のラプラス変換に $1/s^n$ を掛ける” ことに相当する†2．

(4) ステップ関数 $u(t)$（定数1）のラプラス変換

ステップ関数

$$u(t) = \begin{cases} 0 & (t < 0) \\ 1 & (t \geq 0) \end{cases} \tag{5.7}$$

---

†1 ヘビサイドの演算子法における微分演算子の性質と同様である．また，フェーザ表示法（複素ベクトル記号法）では，微分は $j\omega$ に相当することに対応している．

†2 フェーザ表示法では，積分は $1/j\omega$ に相当することに対応している．

のラプラス変換は，

$$\mathcal{L}\left[u(t)\right] = \frac{1}{s} \tag{5.8}$$

となる．ただし，$t \geq 0$ における過渡現象を考える場合には，$u(t) = 1$ として，

$$\mathcal{L}\left[1\right] = \frac{1}{s} \tag{5.9}$$

と考えてよい．

(5)　指数関数（減衰）のラプラス変換

次のようになる．

$$\mathcal{L}\left[e^{-\alpha t}\right] = \frac{1}{s+\alpha} \tag{5.10}$$

(6)　三角関数のラプラス変換

次のようになる†．

$$\mathcal{L}\left[\sin \omega t\right] = \frac{\omega}{s^2+\omega^2} \tag{5.11}$$

$$\mathcal{L}\left[\cos \omega t\right] = \frac{s}{s^2+\omega^2} \tag{5.12}$$

(7)　双曲線関数のラプラス変換

次のようになる．

$$\mathcal{L}\left[\sinh \beta t\right] = \frac{\beta}{s^2-\beta^2} \tag{5.13}$$

$$\mathcal{L}\left[\cosh \beta t\right] = \frac{s}{s^2-\beta^2} \tag{5.14}$$

(8)　$\boldsymbol{n}$ 次関数のラプラス変換

次のようになる．

$$\mathcal{L}\left[t^n\right] = \frac{n!}{s^{n+1}} \tag{5.15}$$

$n = 1$ のときには，

$$\mathcal{L}\left[t\right] = \frac{1}{s^2} \tag{5.16}$$

となる．

---

†　$e^{j\omega t}$ のラプラス変換の実部と虚部を見ればよい．

(9)　単位インパルス関数 $\delta(t)$ のラプラス変換

次のような性質

$$\delta(t) = \begin{cases} 0 & (t \neq 0) \\ \infty & (t = 0) \end{cases} \tag{5.17}$$

かつ

$$\int_{-\infty}^{+\infty} \delta(t)\,\mathrm{d}t = 1 \tag{5.18}$$

をもつ関数を**単位インパルス関数**（あるいは**ディラックのデルタ関数**，**衝撃関数**）とよび，図 5.2(a) のように表す．また，図 (b) のように，幅 ε，高さ $1/\varepsilon$ のパルスにおいて $\varepsilon \to 0$ としたときの単発パルスと考えることもできる．

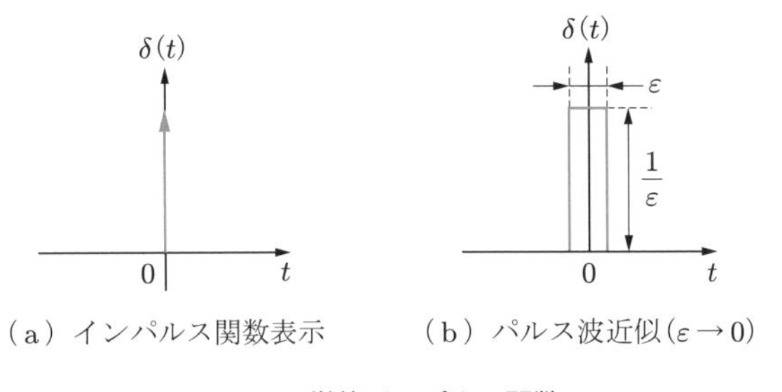

（a）インパルス関数表示　　（b）パルス波近似（$\varepsilon \to 0$）

図 5.2　単位インパルス関数

衝撃波や，抵抗成分のないコンデンサを充放電させた場合の電流などは，単位インパルス関数 $\delta(t)$ で表され，次式が成り立つ．

$$\int_{-\infty}^{+\infty} x(t)\delta(t)\,\mathrm{d}t = x(0) \tag{5.19}$$

したがって，$\delta(t)$ のラプラス変換は次のようになる．

$$\mathcal{L}\left[\delta(t)\right] = \int_{0}^{\infty} \delta(t)\,e^{-st}\mathrm{d}t = e^{0} = 1 \tag{5.20}$$

(10)　減衰関数のラプラス変換

ある関数 $x(t)$ に減衰要素 $e^{-\alpha t}$ が施された関数 $e^{-\alpha t}x(t)$ のラプラス変換は，

$$\begin{aligned}\mathcal{L}\left[e^{-\alpha t}x(t)\right] &= \int_{0}^{\infty} e^{-\alpha t}x(t)e^{-st}\mathrm{d}t = \int_{0}^{\infty} x(t)\,e^{-(s+\alpha)t}\mathrm{d}t = \mathcal{L}\left[x(t)\right]_{s\to(s+\alpha)} \\ &= X(s+\alpha)\end{aligned} \tag{5.21}$$

となる．過渡現象を表す式には必ず $e^{-\alpha t}$ という減衰項[†1] が含まれるので，この変換関係は非常に重要である．この関係式を用いると，次のような減衰三角関数のラプラス変換が得られる．

$$\mathcal{L}\left[e^{-\alpha t}\sin\omega t\right]=\frac{\omega}{(s+\alpha)^2+\omega^2} \tag{5.22}$$

$$\mathcal{L}\left[e^{-\alpha t}\cos\omega t\right]=\frac{s+\alpha}{(s+\alpha)^2+\omega^2} \tag{5.23}$$

(11)　推移した関数のラプラス変換

図 5.3(a) のように $t\geq 0$ において存在する関数 $x(t)u(t)$ を図 (b) のように $t\geq t_0$ に推移させた（シフトさせた）関数[†2] は $x(t-t_0)u(t-t_0)$ で表され，そのラプラス変換は次のようになる．

$$\mathcal{L}[x(t-t_0)u(t-t_0)]=\int_0^\infty x(t-t_0)u(t-t_0)e^{-st}\mathrm{d}t=\int_{t_0}^\infty x(t-t_0)e^{-st}\mathrm{d}t$$

ここで，$\tau=t-t_0$ とおくと，$t=\tau+t_0$ で，

$$\int_{t_0}^\infty x(t-t_0)e^{-st}\mathrm{d}t=\int_0^\infty e^{-s(\tau+t_0)}x(\tau)\,\mathrm{d}\tau=e^{-t_0 s}\int_0^\infty e^{-s\tau}x(\tau)\,\mathrm{d}\tau$$
$$=e^{-t_0 s}X(s)$$

である．したがって，$x(t)$ が t_0 だけ推移した関数のラプラス変換は

$$\mathcal{L}[x(t-t_0)u(t-t_0)]=e^{-t_0 s}X(s) \tag{5.24}$$

となる．

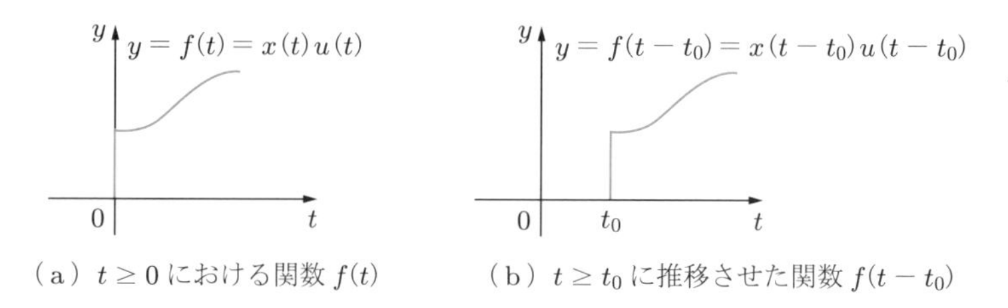

（a）$t\geq 0$ における関数 $f(t)$　（b）$t\geq t_0$ に推移させた関数 $f(t-t_0)$

図 5.3　関数の推移

---

†1　これまで述べたように，過渡現象を表す式には過渡解が含まれる．

†2　制御工学では“むだ時間要素”とよばれる．

(12)　初期値定理

s 領域の関数 $X(s)$ から時間領域の関数 $x(t)$ の初期値を求めることができる．$x(t)$ の微分のラプラス変換は，式 (5.4) から

$$\mathcal{L}\left[\frac{\mathrm{d}x(t)}{\mathrm{d}t}\right] = \int_0^{+\infty} \frac{\mathrm{d}x(t)}{\mathrm{d}t} e^{-st}\mathrm{d}t = sX(s) - x(0)$$

である．ここで，$s \to \infty$ とすると，$e^{-st} \to 0$ になるので，

$$\lim_{s\to\infty} \{sX(s) - x(0)\} = \lim_{s\to\infty} sX(s) - x(0) = 0 \tag{5.25}$$

となる．したがって，次のようになる．

$$x(0) = \lim_{s\to\infty} sX(s) \tag{5.26}$$

(13)　最終値定理

s 領域の関数 $X(s)$ から時間領域の関数 $x(t)$ の最終値を求めることができる．$X(s)$ をラプラス逆変換して $x(t)$ を求めずに最終値を知ることができるので，便利な定理である．しかし，最終値が存在しない（$t \to \infty$ にて振動が持続して収束しない，発散する）場合があるので注意を要する．このことについては次項で述べる．

$x(t)$ の微分のラプラス変換は，式 (5.4) から

$$\int_0^{+\infty} \frac{\mathrm{d}x(t)}{\mathrm{d}t} e^{-st}\,\mathrm{d}t = sX(s) - x(0)$$

である．ここで，$s \to 0$ とすると，

$$\text{左辺} = \lim_{s\to 0} \int_0^{+\infty} \frac{\mathrm{d}x(t)}{\mathrm{d}t} e^{-st}\mathrm{d}t = \int_0^{+\infty} \frac{\mathrm{d}x(t)}{\mathrm{d}t}\mathrm{d}t = x(\infty) - x(0)$$

$$\text{右辺} = \lim_{s\to 0} \{sX(s) - x(0)\} = \lim_{s\to 0} sX(s) - x(0)$$

となる．左辺と右辺を比べて，次のようになる．

$$x(\infty) = \lim_{s\to 0} sX(s) \tag{5.27}$$

ただし，最終値 $x(\infty)$ が存在することが前提である．次項で述べるように，$X(s)$ の分母を 0 とおいた式（後述の特性方程式）の解の実数部が負であるならば，$x(t)$ の最終値が存在し，最終値は式 (5.27) で与えられる．

5.1.3　部分分数分解を用いたラプラス逆変換の計算

通常，ラプラス逆変換したい関数 $X(s)$ は，s についての多項式の分数式

$$X(s) = \frac{M(s)}{D(s)} = \frac{M(s)}{s^n + a_{n-1}s^{n-1} + a_{n-2}s^{n-2} + \cdots} \tag{5.28}$$

で表される[†1]．逆変換された関数 $x(t)$ がインパルス関数を含まない場合は，分子 $M(s)$ の次数は分母の次数 n よりも小さい．

式 (5.28) の分母を因数分解した後，$X(s)$ を部分分数に分解すると，次式のように表される．

$$\begin{aligned} X(s) &= \frac{M(s)}{(s-s_1)(s-s_1)(s-s_1)\cdots(s-s_n)} \\ &= \frac{K_1}{s-s_1} + \frac{K_2}{s-s_2} + \frac{K_3}{s-s_3} + \cdots + \frac{K_n}{s-s_n} \end{aligned} \tag{5.29}$$

ここで，$s_1, s_2, s_3, \cdots, s_n$ は式 (5.28) の分母が 0，すなわち，

$$D(s) = (s-s_1)(s-s_1)(s-s_1)\cdots(s-s_n) = 0 \tag{5.30}$$

の解であり，一般に複素数である．

2 章で述べた微分方程式の解法のときと同様に，$D(s)$ の根 $s_1, s_2, s_3, \cdots, s_n$ は $x(t)$ がどのような特性をもつかということを表すので**特性根**とよばれ，式 (5.30) を**特性方程式**という．式 (5.30) は $(s - s_n)$ の 1 乗で因数分解される例を表しているが，2 乗，3 乗で因数分解される場合，すなわち重根の場合もある．

式 (5.29) をラプラス逆変換すれば，

$$x(t) = \mathcal{L}^{-1}[X(s)] = K_1 e^{s_1 t} + K_2 e^{s_2 t} + K_3 e^{s_3 t} \cdots K_n e^{s_n t} \tag{5.31}$$

が得られる．ここで，一般に $s_1, s_2, s_3, \cdots, s_n$ は複素数だから，

$$s_n = \sigma_n + j\omega_n \quad (\sigma_n,\ \omega_n \text{は実数}) \tag{5.32}$$

であり，虚数部 $j\omega_n$ は振動成分があることを表し，ω_n は振動の角周波数である．

また，5.1.2 項 (13) で述べた最終値の定理について補足すると，以下のようになる．$x(t)$ が最終値をもつ（一定値に収束する）ためには $\sigma_n < 0$ であればよい．すなわち，特性根 s_n を複素平面上にプロットしたとき，特性根 s_n が左半平面（ただし，実軸を含まない）にあればよい[†2]．このことは制御工学において，系の安定判別の基礎になっている．

---

†1　D は分母 (Denominator) を，M は分子 (Molecular) を表す．

†2　特性根が実軸上にある場合（$\sigma_n = 0$ の場合），$K_n e^{s_n t} = K_n e^{j\omega_n t} = K_n \cos\omega_n t + jK_n \sin\omega_n t$ であり，微分方程式の解は持続振動性となるので発散しないが一定値には収束せず，最終値はない．ただし，特性根が原点にある場合（$\sigma_n = 0$，$\omega_n = 0$ の場合）は最終値が存在する．

5.2 初期条件を組み込んだ s 領域における等価回路による過渡現象解析

ラプラス変換を用いて電気回路の過渡現象を解析する場合，微分方程式で記述された回路方程式をラプラス変換し，代数計算により s 領域における解を計算した後，ラプラス逆変換により時間領域における解を得る．しかし，時間 t についての回路方程式を作らずに直接解くことができれば解析が簡略化される．そこで，本節では図 5.4 の破線部分に示すように，時間領域の回路を s 領域の等価回路に変換する方法を紹介する．その等価回路を解くことにより，s 領域における解を得ることができる．

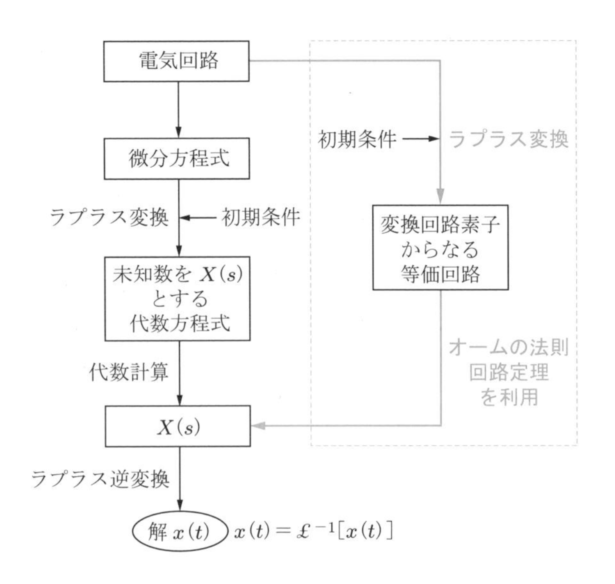

図 5.4　s 領域における変換回路を用いた解法のイメージ図
（破線部分，微分方程式を直接解く方法との対比）

ただし，与えられた電源電圧はラプラス変換し，求めようとする電流や電圧の変数記号 $i(t)$，$v(t)$（すなわち求めようとする解）はラプラス変換における変数 $I(s)$，$V(s)$ に置き換えておく．

この方法によれば，得られた s 領域の等価路において，直流回路や正弦波交流回路で成立したオームの法則，回路定理（キルヒホッフの法則，重ねの理，鳳・テブナンの定理等）を適用することができる†．

† ただし，回路は線形でなければならない．

(1) 抵抗

抵抗の端子電圧 $v(t)$ と電流 $i(t)$ の関係式は

$$v(t) = Ri(t) \tag{5.33}$$

である．ラプラス変換すると，

$$V(s) = RI(s) \tag{5.34}$$

となる．ここで，$V(s) = \mathcal{L}[v(t)]$，$I(s) = \mathcal{L}[i(t)]$ である．

したがって，s 領域への変換の様子は図 5.5 のようになる．s 領域においても抵抗はそのままで，オームの法則が成立することがわかる．

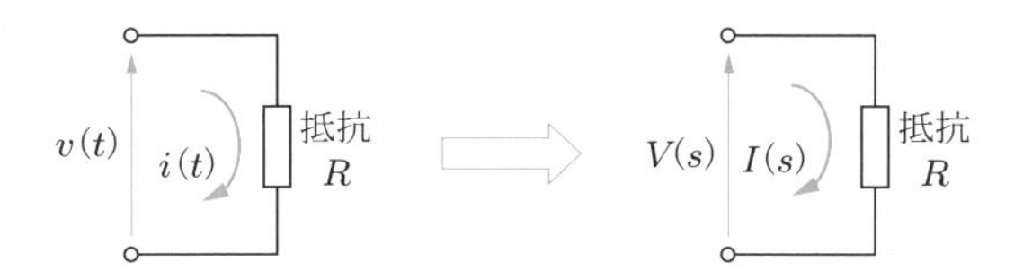

図 5.5　時間領域の回路から s 領域の等価回路への変換（抵抗）

(2) 初期電流 I_0 が流れていたインダクタ

インダクタの端子電圧 $v(t)$ と電流 $i(t)$ の関係式は

$$v(t) = L\frac{\mathrm{d}i(t)}{\mathrm{d}t} \tag{5.35}$$

である．これをラプラス変換すると，

$$V(s) = L\{sI(s) - I_0\} = sLI(s) - LI_0 \tag{5.36}$$

となる．したがって，s 領域への変換の様子は図 5.6 のようになる．s 領域においてはリアクタンスが sL になり[†1]，LI_0 という初期条件電圧が加わることに留意されたい．時間領域でいえば，LI_0 は $t = 0$ における鎖交磁束数を意味し，$t = 0-$ における鎖交磁束数と等しい（連続）．図において，⊕ は初期条件電圧源を表す[†2]．その向きは初期電流 I_0 を流す起電力の向きである．

図 5.6 のように，s 領域の等価回路には自動的に初期条件が反映されることに特徴がある．ここで，鎖交磁束数の連続性から，$LI_0 = Li(0-)$ であるから第 1 種初期条件がわかればよい．

---

†1　正弦波交流においてはフェーザ表示 $j\omega L$ になる（s が $j\omega$ に対応）．
†2　規格化された表示記号はないので，本書ではこの記号を用いる．

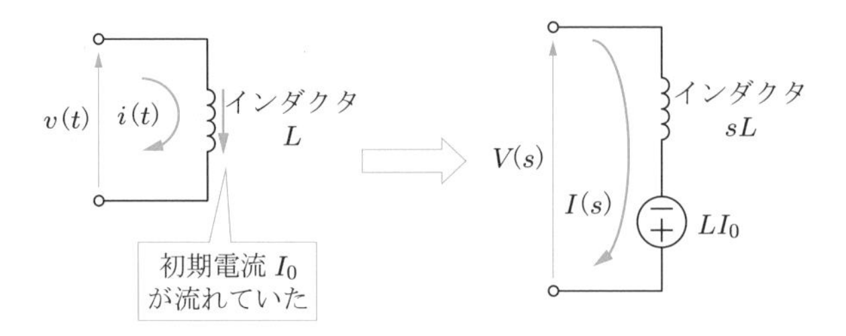

図 5.6　時間領域の回路から s 領域の等価回路への変換（インダクタ）

(3)　初期電圧 V_0 で充電されていたコンデンサ

コンデンサを出入りする電荷 $q(t)$ と端子電圧 $v(t)$ の関係式は

$$q(t) = Cv(t)$$

なので，電流 $i(t)$ は

$$i(t) = \frac{\mathrm{d}q(t)}{\mathrm{d}t} = C\frac{\mathrm{d}v(t)}{\mathrm{d}t} \tag{5.37}$$

である．これをラプラス変換すると，次のようになる．

$$I(s) = C\{sV(s) - V_0\} = sCV(s) - CV_0$$
$$\therefore V(s) = \frac{1}{sC}I(s) + \frac{V_0}{s} \tag{5.38}$$

したがって，s 領域への変換の様子は図 5.7 のようになる．s 領域においてはリアクタンスが $1/sC$ になり[†]，V_0/s という初期条件電圧が加わることに留意されたい．図において，⊕ は等価初期電圧源を表す．その向きは初期充電電圧 V_0 の向きである．

図 5.7 においても，s 領域の等価回路には自動的に初期条件が反映されることに特徴がある．ここで，電荷保存の法則から $Q_0 = q(0-)$ なので，$Q_0/C = q(0-)/C$ すなわち，$V_0 = v(0-)$ であり，第 1 種初期条件がわかればよい．

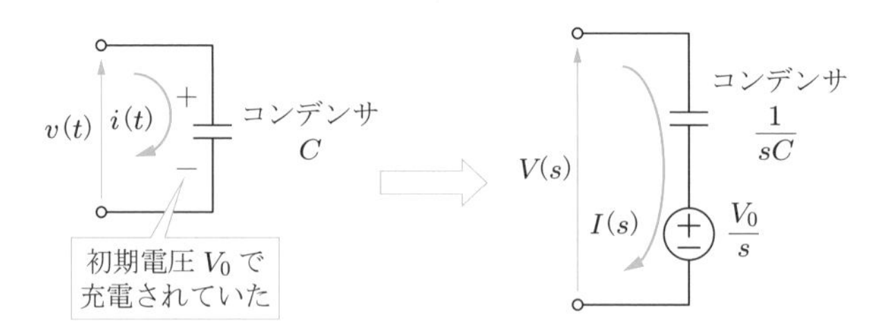

図 5.7　時間領域の回路から s 領域の等価回路への変換（コンデンサ）

† 正弦波交流においてはフェーザ表示 $1/j\omega C$ になる（s が $j\omega$ に対応）．

以上のように，過渡現象解析したい回路を s 領域の等価回路に書き換えれば，鎖交磁束数や電荷の連続性を満たすように初期条件が自動的に反映された状態で，オームの法則や回路定理などを使った過渡現象解析を行うことができる．

5.3 s 領域の等価回路とラプラス逆変換を用いた直流過渡現象解析

5.3.1 R-L 回路の直流過渡現象解析

(1)　初期電流が流れていなかった場合の R-L 回路の直流過渡現象

図 5.8(a) のように，抵抗 $R\,[\Omega]$ とインダクタ $L\,[\mathrm{H}]$ からなる直列回路に，時刻 $t=0$ で直流電圧 $E\,[\mathrm{V}]$ を印加した場合の電流 $i(t)$ の変化の様子を，ラプラス変換を用いて解析する．ただし，スイッチを閉じる前には電流は流れていなかったものとする．

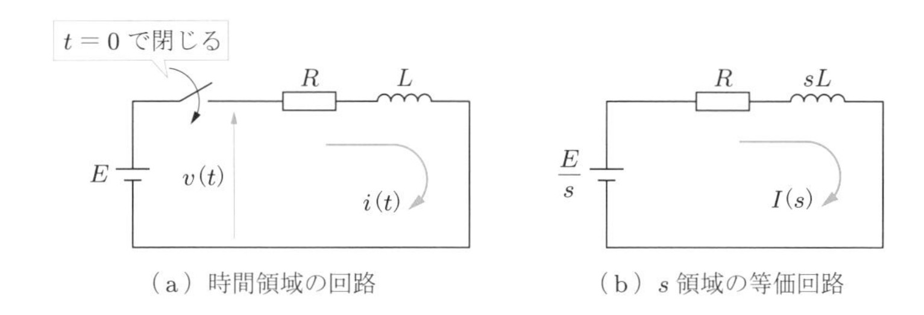

図 5.8　直流電圧が印加された R-L 直列回路

なお，この回路は図 2.1 の回路と同じである．

まず，$t \geq 0$ における図 5.8(a) の回路を，図 (b) のような s 領域の等価回路に変換する．ただし，ここでは初期電流は流れていなかったので初期条件電源はない．

図 (b) においてキルヒホッフの法則（むしろオームの法則）を用いると，

$$I(s) = \frac{E/s}{R+sL} \tag{5.39}$$

となる．ここで，$R+sL$，E/s は s 領域における等価インピーダンス，等価電源電圧に相当し，この式をラプラス逆変換すれば解 $i(t)$ が求められる．

そのためには分母を s の 1 次式に因数分解した後，部分分数分解するが，常とう手段として，分母に含まれる 1 次の s の係数は 1 にしておいたほうがよい．

$$I(s) = \frac{E}{s(R+sL)} = \frac{E/L}{s(s+R/L)}$$

次に，この $I(s)$ の式を

$$\frac{E/L}{s(s+R/L)} = \frac{K_1}{s} + \frac{K_2}{s+R/L} \tag{5.39$'$}$$

のように分解する．ここで，定数 K_1，K_2 を求めるために，分母を払ってから両辺の s の係数と定数項を比較する方法（**未定係数法**という）を用いてもよいが，以下のような方法（**留数の決定法**という）が便利である．

K_1 を求めるためには分母 s が邪魔であるので，式 (5.39)$'$ の両辺に s を掛けて，

$$\frac{E/L}{s+R/L} = K_1 + \frac{K_2}{s+R/L}s$$

とする．この式は s のいかなる値に対しても成り立つ恒等式なので，s を特定の値に固定しても成り立つ．そこで，s を 0 とおけば右辺第 2 項が消えるので，

$$K_1 = \left.\frac{E/L}{s+R/L}\right|_{s=0} = \frac{E}{R}$$

となる．同様に，式 (5.39) の両辺に $(s+R/L)$ を掛けると，

$$\frac{E/L}{s} = \frac{K_1}{s}\left(s+\frac{R}{L}\right) + K_2$$

となり，s を $-R/L$ とおけば右辺第 1 項が消えて，

$$K_2 = \left.\frac{E/L}{s}\right|_{s=-R/L} = -\frac{E}{R}$$

となる．よって，次のようになる．

$$I(s) = \frac{E/R}{s} - \frac{E/R}{s+R/L} = \frac{E}{R}\left(\frac{1}{s} - \frac{1}{s+R/L}\right) \tag{5.40}$$

ところで，式 (5.9) と式 (5.10) から，ラプラス逆変換の関係式は

$$\mathcal{L}^{-1}\left[\frac{1}{s}\right] = 1 \tag{5.41}$$

$$\mathcal{L}^{-1}\left[\frac{1}{s+\alpha}\right] = e^{-\alpha t} \tag{5.42}$$

である．これらを用いて式 (5.40) をラプラス逆変換すると，

$$i(t) = \frac{E}{R}\left(1 - e^{-\frac{R}{L}t}\right) \tag{5.43}$$

を得る．

当然のことながら，この結果は式 (2.11) と一致する．このように，s 領域等価回路とラプラス逆変換を用いると簡単に解が得られる．ただし，その反面，解の物理的意

味を把握するのは難しいという欠点がある．

(2) 初期電流が流れていた場合の *R-L* 回路の直流過渡現象

図 5.9(a) のように，抵抗とインダクタからなる回路が定常状態にあったとする．時刻 $t=0$ でスイッチを開いたとき（直流電圧 E [V] を取り去ったとき）の電流 $i(t)$ の変化の様子を，ラプラス変換を用いて解析する．

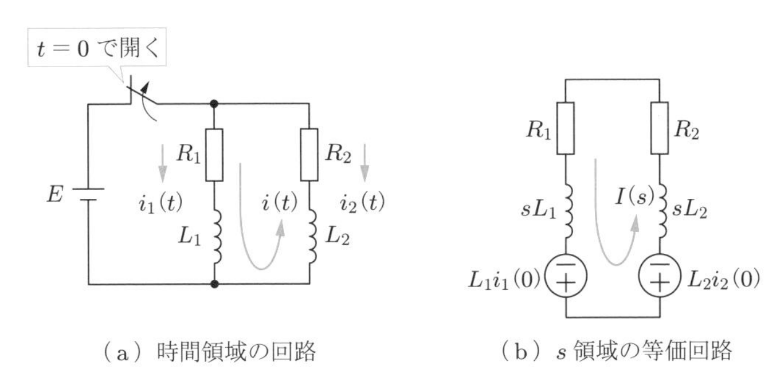

（a）時間領域の回路　（b）s 領域の等価回路

図 5.9 直流電圧が取り去られた *R-L* 直列回路

スイッチを開く直前には初期電流 $i_1(0-)=E/R_1$ と $i_2(0-)=E/R_2$ が下向きに流れていた．それゆえ，$t\geq 0$ における過渡現象において，L_1 と L_2 には初期条件電圧 $L_1i_1(0-)=L_1E/R_1$ と $L_2i_2(0-)=L_2E/R_2$ を考慮する必要がある．また，$t\geq 0$ において，電源は切り離されるので，s 領域における等価電源はなくなる．したがって，s 領域の等価回路は図 5.9(b) となる．

電流 $I(s)$ の向きを左回りにとり，キルヒホッフの法則を用いると，

$$
\begin{aligned}
I(s) &= \frac{L_1i_1(0)-L_2i_2(0)}{(R_1+R_2)+s\,(L_1+L_2)} = \frac{L_1E/R_1-L_2E/R_2}{(R_1+R_2)+s\,(L_1+L_2)} \\
&= \frac{(L_1/R_1-L_2/R_2)\,E}{(R_1+R_2)+s\,(L_1+L_2)}
\end{aligned}
\tag{5.44}
$$

となる．分母子を (L_1+L_2) で割って s の係数を 1 にすると，

$$
I(s) = \frac{\dfrac{E}{L_1+L_2}\left(\dfrac{L_1}{R_1}-\dfrac{L_2}{R_2}\right)}{s+\left(\dfrac{R_1+R_2}{L_1+L_2}\right)}
\tag{5.45}
$$

となる．式 (5.42) を考慮すれば，

$$
i(t) = \frac{E}{L_1+L_2}\left(\frac{L_1}{R_1}-\frac{L_2}{R_2}\right)e^{-\frac{R_1+R_2}{L_1+L_2}t}
\tag{5.46}
$$

を得る．ここで，$L_1/R_1 < L_2/R_2$ ならば，$i(t)$ は逆向きとなる．式 (5.44)〜(5.45) の変形は慣れてしまえば苦にならない．

以上から，抵抗 R_1 を流れる電流 $i_1(t)$ についてグラフを図示すると図 5.10 のようになり，過渡現象が生じる直前と直後で電流が不連続であることがわかる．

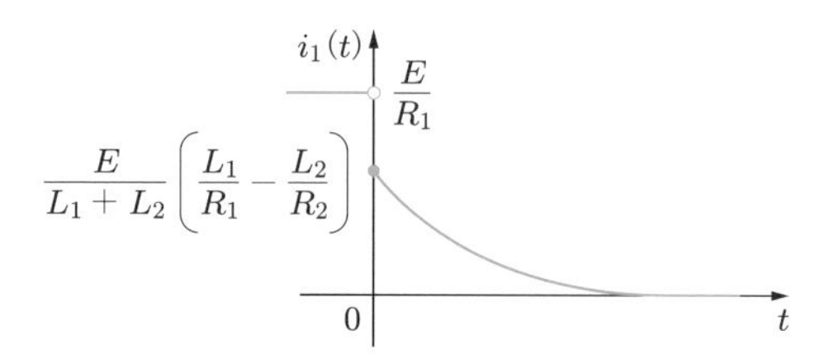

図 5.10　図 5.9 の回路における $i_1(t)$ の波形

さて，比較のために，古典的方法（微分方程式を直接解くこと）によりこの問題を解析すると，以下のようになる．

$t \geq 0$ における回路方程式は次のようになる．

$$(R_1 + R_2)\,i(t) + (L_1 + L_2)\,\frac{\mathrm{d}i(t)}{\mathrm{d}t} = 0 \tag{5.47}$$

右辺（電源電圧）は 0 なので，定常解 $i_s(t) = 0$ であり，一般解は過渡解 $i_t(t)$ と等しい．特性方程式は

$$(R_1 + R_2) + (L_1 + L_2)\,p = 0$$

で，特性根は

$$p = -\frac{R_1 + R_2}{L_1 + L_2}$$

だから，解（過渡解）は

$$i(t) = Ke^{-\frac{R_1+R_2}{L_1+L_2}t} \tag{5.48}$$

となる．ここで，K は初期条件により決定される定数（積分定数）である．

図 5.9(a) の $i(t)$ の向きを正として，過渡現象が生じる直前 $t = 0-$ と直後 $t = 0+$ の鎖交磁束数の和の連続性から初期条件を見つけると，次のようになる．

鎖交磁束数の和は，$t < 0$ では $i_1(t) = i(t)$，$i_2(t) = -i(t)$ なので，

$$L_1 i_1(0-) - L_2 i_2(0-) = L_1\frac{E}{R_1} - L_2\frac{E}{R_2} = \left(\frac{L_1}{R_1} - \frac{L_2}{R_2}\right)E \tag{5.49}$$

となり，$t \geq 0$ では

$$L_1 i(0+) + L_2 i(0+) = (L_1 + L_2)\, i(0+) \tag{5.50}$$

である．鎖交磁束数の和の連続性から式 (5.49) と式 (5.50) は等しいから，次のようになる．

$$\left(\frac{L_1}{R_1} - \frac{L_2}{R_2}\right) E = (L_1 + L_2)\, i(0+)$$

$$\therefore i(0+) = \frac{E}{L_1 + L_2}\left(\frac{L_1}{R_1} - \frac{L_2}{R_2}\right) \tag{5.51}$$

式 (5.48) にこの初期条件を考慮すると K が定まり，次式のように解が決定され，式 (5.46) と一致する．

$$i(t) = \frac{E}{L_1 + L_2}\left(\frac{L_1}{R_1} - \frac{L_2}{R_2}\right) e^{-\frac{R_1+R_2}{L_1+L_2}t} \tag{5.52}$$

例題 5.1　図 5.11(a) の回路において，当初，スイッチは開いており，定常状態にあったとする．時刻 $t = 0$ でスイッチを閉じたときの電流 $i_1(t)$～$i_3(t)$ の式を求め，グラフの概形を図示せよ．

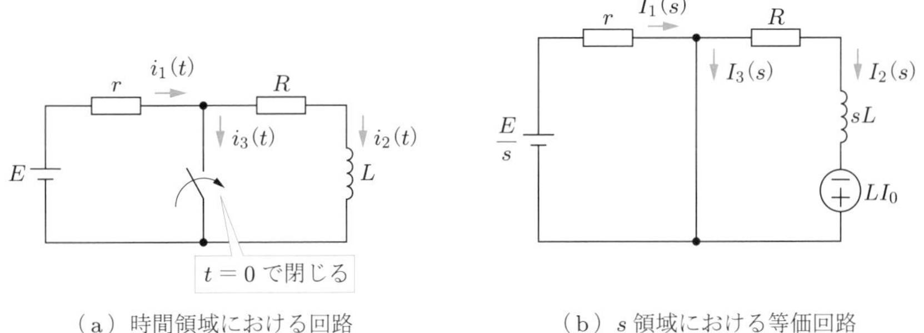

（a）時間領域における回路　（b）s 領域における等価回路

図 5.11

解答　s 領域における等価回路を図 5.11(b) に示す．

$t < 0$ において，インダクタ L には図 (a) の $i_2(t)$ の向きに初期電流

$$i_2(0-) = I_0 = \frac{E}{r + R}$$

が流れていたから，初期条件電源は $LI_0 = LE/(r + R)$ である．図 (b) から，

$$I_1(s) = \frac{E}{r} \cdot \frac{1}{s}$$

$$I_2(s) = \frac{LI_0}{R + sL} = \frac{I_0}{s + R/L}$$

である．したがって，

$$i_1(t) = \mathcal{L} - 1[I_1(s)] = \frac{E}{r}$$

$$i_2(t) = \mathcal{L} - 1[I_2(s)] = I_0 e^{-\frac{R}{L}t} = \frac{E}{r+R} e^{-\frac{R}{L}t}$$

$$i_3(t) = i_1(t) - i_2(t) = \frac{E}{r} - \frac{E}{r+R} e^{-\frac{R}{L}t}$$

となる．ここで，

$$i_1(0) = \frac{E}{r}, \quad i_1(\infty) = \frac{E}{r}$$

$$i_2(0) = \frac{E}{r+R}, \quad i_2(\infty) = 0$$

$$i_3(0) = \frac{E}{r} - \frac{E}{r+R} = \frac{R}{r(r+R)} E, \quad i_3(\infty) = \frac{E}{r}$$

であるから，$R > r$ のときには，$i_1(t)$〜$i_3(t)$ のグラフは図 5.12 のようになる．

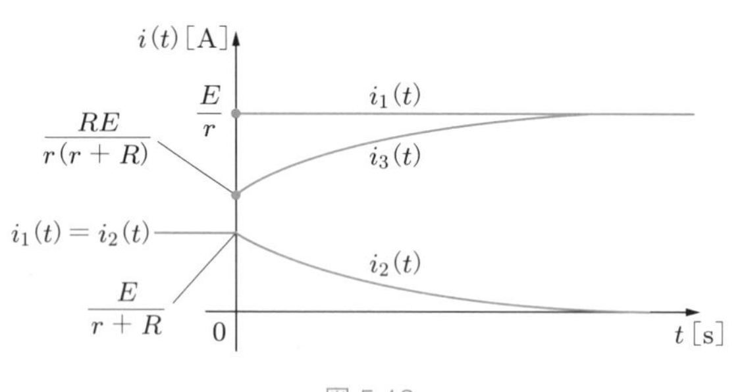

図 5.12

例題 5.2　図 5.13(a) の回路において，当初，スイッチは閉じていて定常状態にあり，時刻 $t = 0$ でスイッチを開いた．スイッチを開く前と後における抵抗 R を流れる電流を求め，グラフの概形を図示せよ．

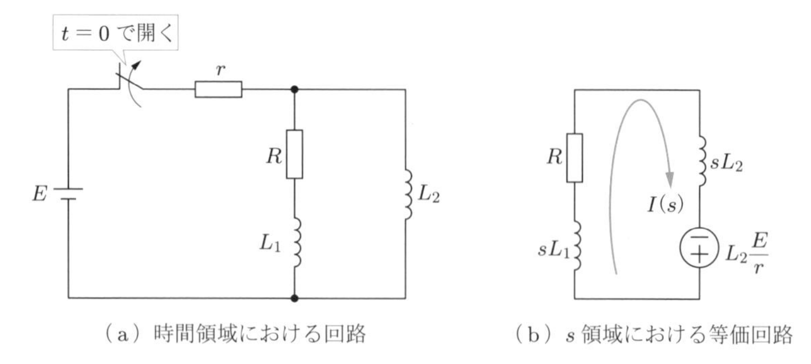

（a）時間領域における回路　　（b）s 領域における等価回路

図 5.13

解答　$t < 0$ において，回路は定常状態にあったのだからインダクタ L_2 は短絡導線として

はたらき，R-L_1 の枝路は短絡されており，抵抗には電流は流れていなかった．したがって，初期電流 E/r [A] はインダクタ L_2 のみに流れていたことになる．よって，s 領域における等価回路は図 5.13(b) のようになる．$L_2\,(E/r)$ が初期条件電源電圧である．図から

$$I(s)=\frac{\dfrac{L_2E}{r}}{R+s(L_1+L_2)}=\frac{\dfrac{L_2}{L_1+L_2}\cdot\dfrac{E}{r}}{s+\dfrac{R}{L_1+L_2}}$$

となる．よって，

$$i(t)=\mathcal{L}^{-1}[I(s)]=\frac{L_2E}{(L_1+L_2)r}e^{-\frac{R}{L_1+L_2}t}\quad（向きは下から上）$$

となり，グラフは図 5.14 のようになる．

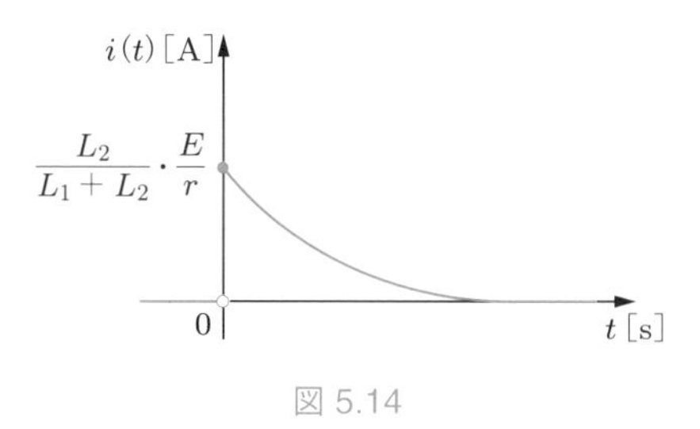

図 5.14

5.3.2 R-C 回路の直流過渡現象解析

(1) 初期電荷がない場合の R-C 回路の直流過渡現象

図 5.15(a) のように，抵抗 R [Ω] とコンデンサ C [F] からなる直列回路に，時刻 $t=0$ で直流電圧 E [V] を印加した場合の電流 $i(t)$ の変化の様子を，ラプラス変換を用いて解析する．ただし，スイッチを閉じる前にコンデンサに電荷はなかったものとする．なお，この回路は図 2.9 の回路と同じである．

まず，$t\geq 0$ における図 5.15(a) の回路を，図 (b) のような s 領域の等価回路に変換する．ただし，ここでは初期電荷はないので初期条件電源はない．

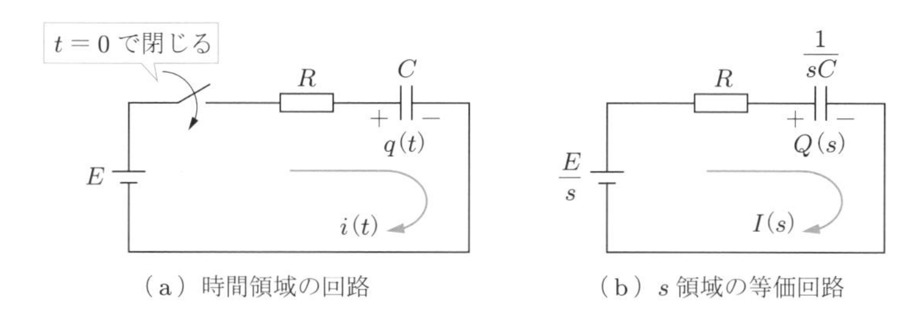

図 5.15　直流電圧が印加された R-C 直列回路

図(b)においてキルヒホッフの法則を用いると，次のようになる．

$$I(s) = \frac{E/s}{R + 1/sC} \tag{5.53}$$

ここで，$R + 1/sC$，E/s は s 領域における等価インピーダンス，等価電源電圧に相当し，この式をラプラス逆変換すれば解 $i(t)$ が求められる．

ラプラス変換対(5.10)を用いるために，分母子に s/R を掛ける．すでに述べたように，分母の s の係数は1にしておいたほうがよい．つまり，

$$I(s) = \frac{E/R}{s + 1/RC} \tag{5.54}$$

となる．式(5.10)を用いて式(5.54)をラプラス逆変換すると，

$$i(t) = \frac{E}{R} e^{-\frac{1}{RC}t} \tag{5.55}$$

を得る．

当然のことながら，この結果は式(2.49)と一致する．このように，解析手順は非常に単純である．

(2)　初期電荷がある場合の *R-C* 回路の直流過渡現象

図5.16(a)のように，当初，スイッチはa側に入れられており，コンデンサ C_1 は E [V] に充電され，コンデンサ C_2 は充電されていなかったとする．時刻 $t = 0$ でスイッチをb側に切り替えたとき（直流電圧 E [V] を取り去ったとき）の電流 $i(t)$ とコンデンサ C_1 の端子電圧 $v_{C1}(t)$，コンデンサ C_2 の端子電圧 $v_{C2}(t)$ の変化の様子を，ラプラス変換を用いて解析する．

図5.16(a)の回路を，$t \geq 0$ における s 領域の等価回路に変換すると，図(b)のようになる．ただし，E/s はコンデンサ C_1 の充電電圧に基づく初期条件電圧源である．

まずは，電流 $i(t)$ を求めよう．図5.16(b)においてキルヒホッフの法則を適用する

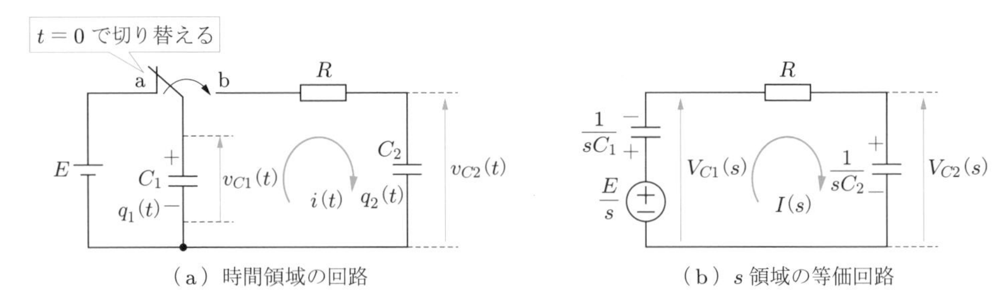

図5.16　直流電圧が取り去られた *R-C* 直列回路

と，次のようになる．

$$I(s) = \frac{E/s}{R + 1/sC_1 + 1/sC_2} = \frac{E/s}{R + (1/s)(1/C_1 + 1/C_2)} \tag{5.56}$$

分母子に s/R を掛けると，

$$I(s) = \frac{E/R}{s + (1/R)(1/C_1 + 1/C_2)} = \frac{E/R}{s + (C_1 + C_2)/RC_1C_2} \tag{5.57}$$

となり，ラプラス逆変換すると次のようになる．

$$i(t) = \frac{E}{R} e^{-\frac{C_1+C_2}{RC_1C_2}t} \tag{5.58}$$

次に，$v_{C1}(t)$，$v_{C2}(t)$ を求める．図 5.16(b) において，

$$\begin{aligned} V_{C1}(s) &= \frac{E}{s} - \frac{1}{sC_1} I(s) = \frac{E}{s} - \frac{1}{sC_1} \cdot \frac{E/s}{R + (1/s)(1/C_1 + 1/C_2)} \\ &= \frac{E}{s} - \frac{E/s}{sRC_1 + (1 + C_1/C_2)} = \frac{E}{s}\left\{1 - \frac{1}{sRC_1 + (C_1 + C_2)/C_2}\right\} \\ &= E\frac{sRC_1 + C_1/C_2}{s\{sRC_1 + (C_1 + C_2)/C_2\}} = E\frac{s + 1/RC_2}{s\{s + (C_1 + C_2)/RC_1C_2\}} \end{aligned} \tag{5.59}$$

となり，これを部分分数分解して

$$V_{C1}(s) = E\left\{\frac{K_1}{s} + \frac{K_2}{s + (C_1 + C_2)/RC_1C_2}\right\} \tag{5.60}$$

という形に変形する．ここで，

$$K_1 = \left.\frac{s + 1/RC_2}{s + (C_1 + C_2)/RC_1C_2}\right|_{s=0} = \frac{C_1}{C_1 + C_2} \tag{5.61}$$

$$K_2 = \left.\frac{s + 1/RC_2}{s}\right|_{s=-(C_1+C_2)/RC_1C_2} = \frac{C_2}{C_1 + C_2} \tag{5.62}$$

であるから，式 (5.60) をラプラス逆変換すると次のようになる．

$$v_{C1}(t) = E\left(K_1 + K_2 e^{-\frac{C_1+C_2}{RC_1C_2}t}\right) = \frac{E}{C_1 + C_2}\left(C_1 + C_2 e^{-\frac{C_1+C_2}{RC_1C_2}t}\right) \tag{5.63}$$

また，

$$\begin{aligned} V_{C2}(s) &= \frac{1}{sC_2} I(s) = \frac{1}{sC_2} \cdot \frac{E/R}{s + (C_1 + C_2)/RC_1C_2} \\ &= \frac{E}{RC_2} \cdot \frac{1}{s\{s + (C_1 + C_2)/RC_1C_2\}} \end{aligned} \tag{5.64}$$

となる．部分分数分解して，

$$V_{C2}(s) = \frac{E}{RC_2}\left\{\frac{RC_1C_2/(C_1+C_2)}{s} - \frac{RC_1C_2/(C_1+C_2)}{s+(C_1+C_2)/RC_1C_2}\right\}$$
$$= \frac{C_1}{C_1+C_2}E\left\{\frac{1}{s} - \frac{1}{s+(C_1+C_2)/RC_1C_2}\right\} \tag{5.65}$$

となり，ラプラス逆変換して次のようになる．

$$v_{C2}(t) = \frac{C_1}{C_1+C_2}E\left(1 - e^{-\frac{C_1+C_2}{RC_1C_2}t}\right) \tag{5.66}$$

以上から，電流 $i(t)$，コンデンサ C_1 の端子電圧 $v_{C1}(t)$，コンデンサ C_2 の端子電圧 $v_{C2}(t)$ のグラフは図 5.17 のようになる．

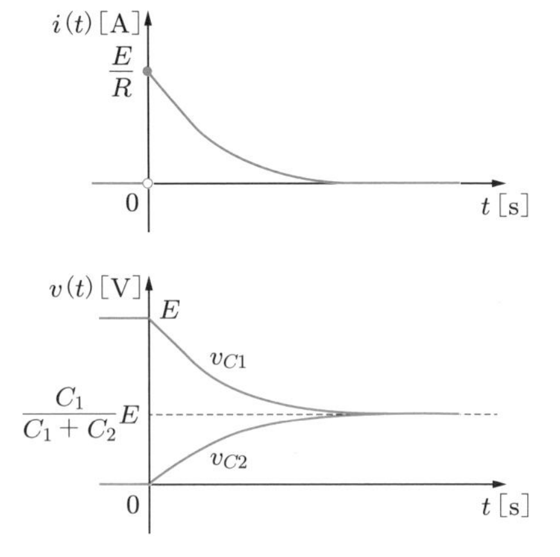

図 5.17　$\boldsymbol{i(t)}$，$\boldsymbol{v_{C1}(t)}$，$\boldsymbol{v_{C2}(t)}$ のグラフ

ここで，

$$t = 0+ \text{のとき：}\quad i(0+) = \frac{E}{R}\,[V],\quad v_{C1}(0+) = E\,[\mathrm{V}],\quad v_{C2}(0+) = 0\,[\mathrm{V}]$$

$$t \to \infty \text{のとき：}\quad i(\infty) = 0\,[\mathrm{V}],\quad v_{C1}(\infty) = \frac{C_1E}{C_1+C_2}\,[\mathrm{V}],$$
$$v_{C2}(\infty) = \frac{C_1E}{C_1+C_2}\,[\mathrm{V}]$$

である．

一方，直接，微分方程式を解いて解を求める方法はかなり煩雑になる．

上述したように，直流回路の過渡現象を解析する場合は，s 領域の等価回路とラプラス逆変換を用いる解法がいかに容易であるかわかるだろう．直流電圧 E [V] のラプラス変換が E/s という簡素な形になること，初期条件電源を導入できることなどがその要因である．しかし，5.4.3 項で説明するように，R-L-C 回路の交流過渡現象を解析する場合には，ラプラス逆変換しようとする式（たとえば電流 $I(s)$ の式）の分母が s の 4 次式になり，計算が簡単にならないこともある．

例題 5.3　図 5.18(a) の回路において，当初，スイッチは a 側に入れられており，定常状態にあった．ただし，コンデンサ C_2 に電荷はなかったとする．時刻 $t=0$ でスイッチを b 側に入れたときのコンデンサ C_1 の端子電圧 $v_1(t)$ の式を求め，グラフの概形を図示せよ．

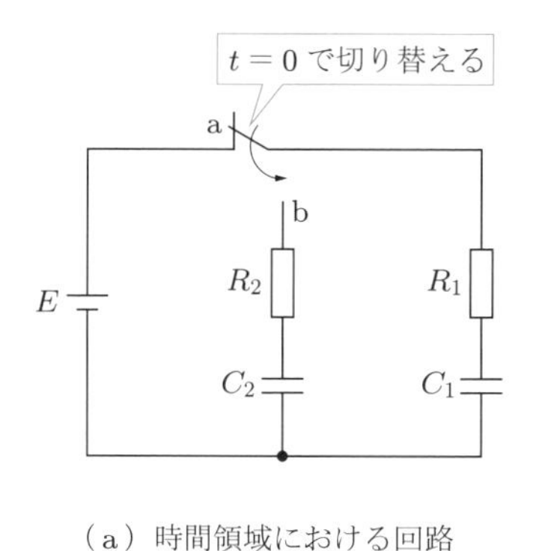

（a）時間領域における回路

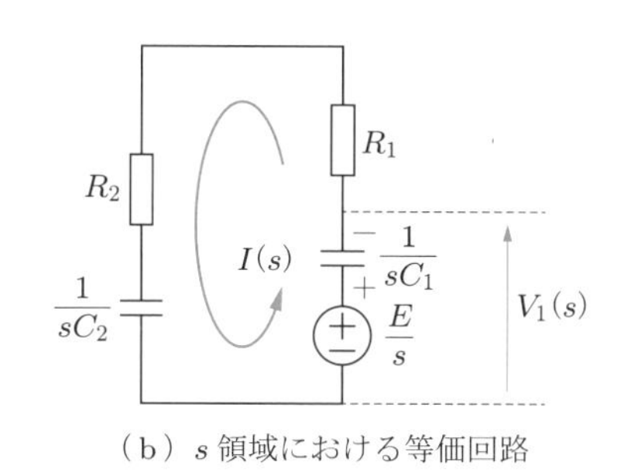

（b）s 領域における等価回路

図 5.18

解答　s 領域における等価回路を図 5.18(b) に示す．

$t<0$ において，コンデンサ C_1 は，上端子 +，下端子 − の向きに E [V] で充電されていたから，初期条件電源は E/s [V] である．

$$V_1(s) = \frac{E}{s} - \frac{1}{sC_1}I(s) = \frac{E}{s} - \frac{1}{sC_1}\cdot\frac{E/s}{(R_1+R_2)+(1/s)(1/C_1+1/C_2)}$$

ここで，

$$R = R_1 + R_2, \quad \frac{1}{C} = \frac{1}{C_1} + \frac{1}{C_2}$$

とおくと，

$$\begin{aligned}V_1(s) &= \frac{E}{s} - \frac{1}{sC_1}\cdot\frac{E/s}{R+1/sC} = \frac{E}{s} - \frac{E/s}{sRC_1 + C_1/C} = \frac{E}{s} - \frac{E/RC_1}{s(s+1/RC)} \\ &= \frac{E}{s} - \frac{CE}{C_1}\left(\frac{1}{s} - \frac{1}{s+1/RC}\right) = \left(1-\frac{C}{C_1}\right)\frac{E}{s} + \frac{CE}{C_1}\cdot\frac{1}{s+1/RC}\end{aligned}$$

となる．したがって，次のようになる．

$$v_1(t) = \mathcal{L}^{-1}[V_1(s)] = \left(1-\frac{C}{C_1}\right)E + \frac{C}{C_1}Ee^{-\frac{1}{RC}t}$$

C と R を元に戻すと，

$$v_1(t) = \frac{C_1}{C_1 + C_2}E + \frac{C_2}{C_1 + C_2}Ee^{-\frac{1}{R_1+R_2}\left(\frac{1}{C_1}+\frac{1}{C_2}\right)t}$$

となる．ここで，

$$v_1(0) = \frac{C_1}{C_1 + C_2}E + \frac{C_2}{C_1 + C_2}E = E, \quad v_1(\infty) = \frac{C_1}{C_1 + C_2}E$$

である．よって，グラフは図 5.19 のようになる．

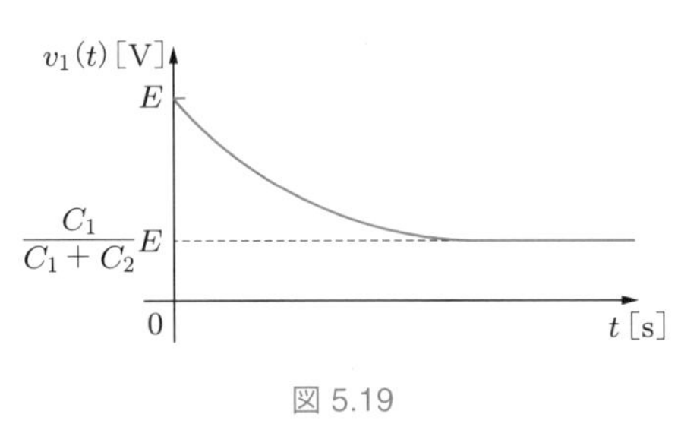

図 5.19

5.3.3　*R-L-C* 回路の直流過渡現象解析

(1)　初期電流，初期電荷がない場合の *R-L-C* 回路の直流過渡現象

図 5.20(a) のように，抵抗 R [Ω]，インダクタ L [H]，コンデンサ C [F] からなる直列回路に，時刻 $t = 0$ で直流電圧 E [V] を印加した場合の電流 $i(t)$ の変化の様子を，ラプラス変換を用いて解析する．ただし，スイッチを閉じる前にコンデンサに電荷はなく，インダクタには電流は流れていなかったものとする．なお，この回路は図 2.22 の回路と同じである．

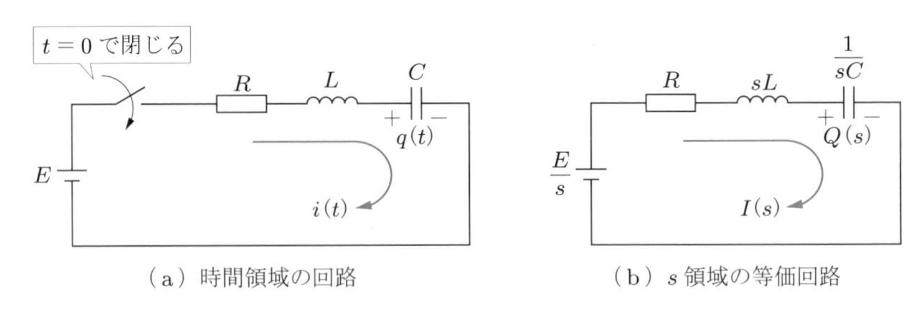

図 5.20　直流電圧が印加された *R-L-C* 直列回路

まず，$t \geq 0$ における図 5.20(a) の回路を，図 (b) のような s 領域の等価回路に変換する．ただし，ここではインダクタに初期電流が流れておらず，コンデンサに初期電荷はないので初期条件電源はない．

図 (b) においてキルヒホッフの法則を用いると，次のようになる．

$$I(s) = \frac{E/s}{R + sL + 1/sC} \tag{5.67}$$

ここで，$R+sL+1/sC$，E/s は s 領域における等価インピーダンス，等価電源電圧に相当し，この式をラプラス逆変換すれば解 $i(t)$ が求められる．そのためには式 (5.67) を部分分数に分解して逆変換を求めるが，まずは式 (5.28) のように，分母の s^2 の係数を 1 にする．分母子に s/L を掛けると

$$I(s) = \frac{E/L}{s^2 + (R/L)s + 1/LC} \tag{5.68}$$

となる．また，s 領域におけるコンデンサの電荷 $Q(s)$ は，$V_C(s) = I(s)/sC$ より次のようになる．

$$Q(s) = CV_C(s) = \frac{1}{s}I(s) = \frac{E/L}{s\{s^2 + (R/L)s + 1/LC\}} \tag{5.69}$$

次に，式 (5.29) に示したように，分母を因数分解してから部分分数に分解すればよい．ただし，実数で因数分解できない場合，すなわち式 (5.29) における s_n が複素数になる場合は因数分解せず，平方完成を行うほうが容易にラプラス逆変換を求めることができる．式 (5.68)，(5.69) のラプラス逆変換は，以下のように場合分けされる．これは，微分方程式を直接解いた 2.4 節の (a)〜(c) と同様である．

(a)　式 (5.68) の分母が実数で因数分解できない場合

このとき，$(R/L)^2 - 4/LC < 0$ すなわち $(R/2L)^2 < 1/LC$ である．式 (5.68) の分母の根（特性根）は複素数になるので無理に因数分解せず，次式に示すように，平方完成を行う．まず $(s + R/2L)^2$ の項を作るとともに，等式となるように $(R/2L)^2$ を減じて，

$$\begin{aligned} s^2 + \frac{R}{L}s + \frac{1}{LC} &= \left(s + \frac{R}{2L}\right)^2 - \left(\frac{R}{2L}\right)^2 + \frac{1}{LC} \\ &= \left(s + \frac{R}{2L}\right)^2 + \frac{1}{LC} - \left(\frac{R}{2L}\right)^2 \\ &= \left(s + \frac{R}{2L}\right)^2 + \left\{\sqrt{\frac{1}{LC} - \left(\frac{R}{2L}\right)^2}\right\}^2 \end{aligned} \tag{5.70}$$

となる．ここで，簡単化のために

$$\alpha = \frac{R}{2L} \quad \text{（正の実数）} \tag{5.71}$$

$$\omega = \sqrt{\frac{1}{LC} - \left(\frac{R}{2L}\right)^2} = \sqrt{\frac{1}{LC} - \alpha^2} \quad (\text{正の実数}) \tag{5.72}$$

とおくと†,

$$s^2 + \frac{R}{L}s + \frac{1}{LC} = (s+\alpha)^2 + \omega^2 \tag{5.73}$$

であるから，式 (5.68) は次式のようになる．

$$I(s) = \frac{E/L}{(s+\alpha)^2 + \omega^2} = \frac{(E/\omega L)\cdot\omega}{(s+\alpha)^2 + \omega^2} \tag{5.74}$$

ラプラス逆変換して，次のようになる．

$$i(t) = \frac{E}{\omega L}e^{-\alpha t}\sin\omega t \tag{5.75}$$

当然のことながら，この結果は式 (2.104) と一致する．

次に，電荷 $q(t)$ を求めてみよう．式 (5.69) をラプラス逆変換すればよいのだが，ここでは，その分母の（ ）内が実数で因数分解できない．そこで，式 (5.69) の分母を $1/s$ と $1/\left\{s^2 + (R/L)s + 1/LC\right\}$ に部分分数分解するに留める．すなわち，

$$Q(s) = \frac{E/L}{s\left\{s^2 + (R/L)s + 1/LC\right\}} = \frac{K}{s} + \frac{As+B}{s^2 + (R/L)s + 1/LC} \tag{5.76}$$

のように部分分数分解する．ただし，K，A，B は定数である．ここで，K は

$$K = \left.\frac{E/L}{s^2 + (R/L)s + 1/LC}\right|_{s=0} = CE \tag{5.77}$$

だから，

$$\frac{E/L}{s\left\{s^2 + (R/L)s + 1/LC\right\}} = \frac{CE}{s} + \frac{As+B}{s^2 + (R/L)s + 1/LC}$$

となる．この後は，A と B を未定係数法で求めたほうが簡単である．両辺の分母を払って，

$$\frac{E}{L} = CE\left(s^2 + \frac{R}{L}s + \frac{1}{LC}\right) + (As+B)s = (CE+A)s^2 + \left(\frac{RCE}{L} + B\right)s + \frac{E}{L}$$

となる．第 1 辺と第 3 辺の係数どうしを比較すると，

$$\begin{cases} CE + A = 0 \\ \dfrac{RCE}{L} + B = 0 \end{cases}$$

† 式 (2.96)，(2.97) と同様である．

だから,

$$A = -CE \tag{5.78}$$

$$B = -CE\frac{R}{L} \tag{5.79}$$

となる. したがって, s 領域の電荷 $Q(s)$ は次式のようになる.

$$Q(s) = CE\left\{\frac{1}{s} - \frac{s + R/L}{s^2 + (R/L)s + 1/LC}\right\} \tag{5.80}$$

これをラプラス逆変換できるように, 式 (5.70) と同様の変形操作を行って,

$$Q(s) = CE\left\{\frac{1}{s} - \frac{(s + R/2L) + R/2L}{(s + R/2L)^2 + \left(\sqrt{1/LC - (R/2L)^2}\right)^2}\right\} \tag{5.81}$$

となる. ここで, 式 (5.71), (5.72) と同じく,

$$\alpha = \frac{R}{2L} \quad \text{(正の実数)} \tag{5.82}$$

$$\omega = \sqrt{\frac{1}{LC} - \left(\frac{R}{2L}\right)^2} = \sqrt{\frac{1}{LC} - \alpha^2} \quad \text{(正の実数)} \tag{5.83}$$

とおくと,

$$\begin{aligned} Q(s) &= CE\left\{\frac{1}{s} - \frac{(s+\alpha)+\alpha}{(s+\alpha)^2 + \omega^2}\right\} \\ &= CE\left[\frac{1}{s} - \left\{\frac{(s+\alpha)}{(s+\alpha)^2+\omega^2} + \frac{(\alpha/\omega)\cdot\omega}{(s+\alpha)^2+\omega^2}\right\}\right] \\ &= CE\left[\frac{1}{s} - \left\{\frac{(s+\alpha)}{(s+\alpha)^2+\omega^2} + \frac{\alpha}{\omega}\cdot\frac{\omega}{(s+\alpha)^2+\omega^2}\right\}\right] \end{aligned} \tag{5.84}$$

となる.

式 (5.9), (5.22), (5.23) の関係を用いて, 式 (5.84) のラプラス逆変換を求めると,

$$\begin{aligned} q(t) &= CE\left\{1 - \left(e^{-\alpha t}\cos\omega t + \frac{\alpha}{\omega}e^{-\alpha t}\sin\omega t\right)\right\} \\ &= CE\left\{1 - e^{-\alpha t}\left(\cos\omega t + \frac{\alpha}{\omega}\sin\omega t\right)\right\} \end{aligned} \tag{5.85}$$

となる. この結果は式 (2.103) 式と一致する. このように, 解析手順は非常に単純である.

(b)　式 (5.68) の分母が実数で因数分解できる場合

このとき，$(R/L)^2 - 4/LC > 0$ すなわち $(R/2L)^2 > 1/LC$ である．式 (5.68) の分母 $s^2 + (R/L)s + 1/LC$ の根 s_1, s_2 は

$$s_1, s_2 = -\frac{R}{2L} \pm \sqrt{\left(\frac{R}{2L}\right)^2 - \frac{1}{LC}}$$

であり，

$$\alpha = \frac{R}{2L} \quad (\text{正の実数}) \tag{5.86}$$

$$\gamma = \sqrt{\left(\frac{R}{2L}\right)^2 - \frac{1}{LC}} = \sqrt{\alpha^2 - \frac{1}{LC}} \quad (\text{正の実数，}\gamma < \alpha) \tag{5.87}$$

とおくと，

$$\begin{cases} s_1 = -\alpha + \gamma = -(\alpha - \gamma) \\ s_2 = -\alpha - \gamma = -(\alpha + \gamma) \end{cases} \tag{5.88}$$

となる．したがって，式 (5.68) は次式のように表される．

$$I(s) = \frac{E/L}{\{s + (\alpha - \gamma)\}\{s + (\alpha + \gamma)\}} \tag{5.89}$$

これを部分分数に分解すると，

$$I(s) = \frac{K_1}{s + (\alpha - \gamma)} + \frac{K_1}{s + (\alpha + \gamma)}$$

となる．ここで，

$$K_1 = \left.\frac{E/L}{s + (\alpha + \gamma)}\right|_{s=-(\alpha-\gamma)} = \frac{E}{2\gamma L}$$

$$K_2 = \left.\frac{E/L}{s + (\alpha - \gamma)}\right|_{s=-(\alpha+\gamma)} = -\frac{E}{2\gamma L}$$

である．つまり，

$$I(s) = \frac{E/2\gamma L}{s + (\alpha - \gamma)} - \frac{E/2\gamma L}{s + (\alpha + \gamma)} = \frac{E}{2\gamma L}\left\{\frac{1}{s + (\alpha - \gamma)} - \frac{1}{s + (\alpha + \gamma)}\right\} \tag{5.90}$$

となる．ラプラス逆変換すると

$$i(t) = \frac{E}{2\gamma L}\left\{e^{-(\alpha-\gamma)t} - e^{-(\alpha+\gamma)t}\right\} \tag{5.91}$$

となり，式 (2.114) と一致する．

次に，電荷 $q(t)$ を求める．式 (5.89) と同様に，式 (5.69) の分母は次式のように因数分解することができる．

$$Q(s) = \frac{E/L}{s\{s+(\alpha-\gamma)\}\{s+(\alpha+\gamma)\}} \tag{5.92}$$

これを，次のように部分分数に分解する．

$$Q(s) = \frac{K_1}{s} + \frac{K_2}{s+(\alpha-\gamma)} + \frac{K_3}{s+(\alpha+\gamma)}$$

ここで，

$$\begin{aligned}
K_1 &= \left.\frac{E/L}{\{s+(\alpha-\gamma)\}\{s+(\alpha+\gamma)\}}\right|_{s=0} = \frac{E/L}{\alpha^2-\gamma^2} = \frac{E/L}{1/LC} = CE \\
K_2 &= \left.\frac{E/L}{s\{s+(\alpha+\gamma)\}}\right|_{s=-(\alpha-\gamma)} = \frac{E/L}{-(\alpha-\gamma)\cdot 2\gamma} = -\frac{E}{2\gamma L}\cdot\frac{1}{\alpha-\gamma} \\
&= -\frac{E}{2\gamma L}\cdot\frac{\alpha+\gamma}{(\alpha-\gamma)(\alpha+\gamma)} = -\frac{E}{2\gamma L}\cdot\frac{\alpha+\gamma}{\alpha^2-\gamma^2} \\
&= -\frac{E}{2\gamma L}\cdot\frac{\alpha+\gamma}{1/LC} = -\frac{\alpha+\gamma}{2\gamma}CE \\
K_3 &= \left.\frac{E/L}{s\{s+(\alpha-\gamma)\}}\right|_{s=-(\alpha+\gamma)} = \frac{E/L}{-(\alpha+\gamma)\cdot(-2\gamma)} = \frac{E}{2\gamma L}\cdot\frac{1}{\alpha+\gamma} \\
&= \frac{E}{2\gamma L}\cdot\frac{\alpha-\gamma}{(\alpha+\gamma)(\alpha-\gamma)} = \frac{E}{2\gamma L}\cdot\frac{\alpha-\gamma}{\alpha^2-\gamma^2} \\
&= \frac{E}{2\gamma L}\cdot\frac{\alpha-\gamma}{1/LC} = \frac{\alpha-\gamma}{2\gamma}CE
\end{aligned}$$

である．つまり，

$$\begin{aligned}
Q(s) &= \frac{CE}{s} - \frac{\{(\alpha+\gamma)/2\gamma\}CE}{s+(\alpha-\gamma)} + \frac{\{(\alpha-\gamma)/2\gamma\}CE}{s+(\alpha+\gamma)} \\
&= CE\left\{\frac{1}{s} - \frac{(\alpha+\gamma)/2\gamma}{s+(\alpha-\gamma)} + \frac{(\alpha-\gamma)/2\gamma}{s+(\alpha+\gamma)}\right\}
\end{aligned} \tag{5.93}$$

となる．ラプラス逆変換すると，

$$q(t) = CE\left\{1 - \frac{\alpha+\gamma}{2\gamma}e^{-(\alpha-\gamma)t} + \frac{\alpha-\gamma}{2\gamma}e^{-(\alpha+\gamma)t}\right\} \tag{5.94}$$

となり，式 (2.113) と一致する．

(c)　式 (5.68) の分母が重根の場合

このとき，$(R/L)^2 - 4/LC = 0$ すなわち $(R/2L)^2 = 1/LC$ である．このとき，式

(5.68) の分母 $s^2 + (R/L)s + 1/LC$ の根は

$$s_0 = -\frac{R}{2L} = -\alpha$$

であり，式 (5.68) は

$$I(s) = \frac{E/L}{(s+\alpha)^2} \tag{5.95}$$

となる．式 (5.16) と式 (5.21) の関係を用いてラプラス逆変換すると

$$i(t) = \frac{E}{L}e^{-\alpha t}\mathcal{L}^{-1}\left[\frac{1}{s^2}\right] = \frac{E}{L}e^{-\alpha t}t \tag{5.96}$$

となり，式 (2.124) と一致する．

(2)　初期電流や初期電荷がある場合の *R-L-C* 回路の直流過渡現象

図 5.21(a) のように，当初，スイッチは閉じられており，定常状態にあったとする．すなわち，インダクタには $i(0) = E/R$ の初期電流が流れ，コンデンサには初期電荷はなかった．時刻 $t = 0$ でスイッチを開くとき，電流 $i(t)$ とコンデンサ C の端子電圧 $v_C(t)$ の変化の様子を，ラプラス変換を用いて解析する．ただし，$(R/2L)^2 < 1/LC$ であるとする．

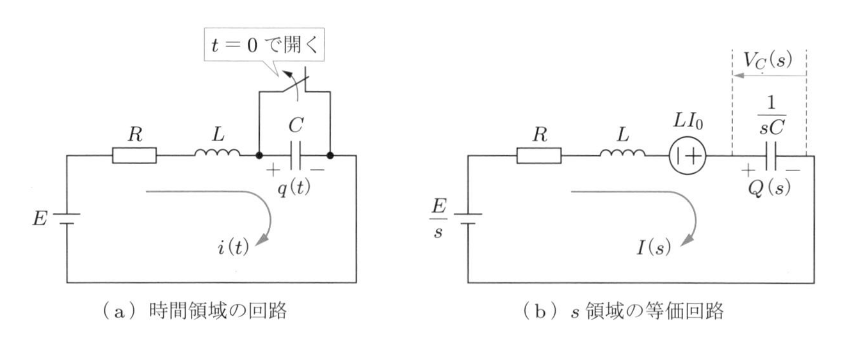

図 5.21　直流電圧が印加された *R-L-C* 直列回路（初期条件がある場合）

図 (a) の回路を，$t \geq 0$ における s 領域の等価回路に変換すると図 (b) のようになる．ただし，LI_0 はインダクタ L の初期電流に基づく初期条件電圧源である．

まずは，電流 $i(t)$ を求めよう．図 (b) においてキルヒホッフの法則を適用すると，次のようになる．

$$I(s) = \frac{E/s + LI_0}{R + sL + 1/sC} = \frac{E/s + LE/R}{R + sL + 1/sC} = \frac{1/s + L/R}{R + sL + 1/sC}E \tag{5.97}$$

分母子に s/L を掛けると，

$$I(s) = \frac{1/L + (1/R)s}{(R/L)s + s^2 + 1/LC} E = \frac{s + R/L}{s^2 + (R/L)s + 1/LC} \cdot \frac{E}{R} \tag{5.98}$$

となる．ここで，分母の判別式は

$$\left(\frac{R}{L}\right)^2 - \frac{4}{LC} = 4\left\{\left(\frac{R}{2L}\right)^2 - \frac{1}{LC}\right\} < 0$$

なので，分母は実数で因数分解できない．そこで，分母を平方完成式に直す．

$$I(s) = \frac{(s + R/2L) + R/2L}{(s + R/2L)^2 + \left\{\sqrt{1/LC - (R/2L)^2}\right\}^2} \cdot \frac{E}{R} \tag{5.99}$$

ここで，簡単化のために

$$\alpha = \frac{R}{2L} \quad \text{（正の実数）} \tag{5.100}$$

$$\omega = \sqrt{\frac{1}{LC} - \left(\frac{R}{2L}\right)^2} \quad \text{（正の実数）} \tag{5.101}$$

とおくと，

$$I(s) = \frac{(s + \alpha) + \alpha}{(s + \alpha)^2 + \omega^2} \cdot \frac{E}{R} = \frac{(s + \alpha) + (\alpha/\omega)\omega}{(s + \alpha)^2 + \omega^2} \cdot \frac{E}{R} \tag{5.102}$$

となる．ラプラス逆変換して次のようになる．

$$i(t) = \frac{E}{R} e^{-\alpha t} \left(\cos\omega t + \frac{\alpha}{\omega}\sin\omega t\right) \tag{5.103}$$

一方，コンデンサ端子電圧は

$$\begin{aligned} V_C(s) &= \frac{1}{sC} I(s) = \frac{1}{sC} \cdot \frac{s + R/L}{s^2 + (R/L)s + 1/LC} \cdot \frac{E}{R} \\ &= \frac{(1/RC)(s + R/L)}{s\{s^2 + (R/L)s + 1/LC\}} E \end{aligned} \tag{5.104}$$

である．式 (5.104) の E 以外の式を，次のように部分分数分解する．

$$\frac{(1/RC)(s + R/L)}{s\{s^2 + (R/L)s + 1/LC\}} = \frac{K_1}{s} + \frac{K_2 s + K_3}{s^2 + (R/L)s + 1/LC}$$

ここで，

$$K_1 = \left.\frac{(1/RC)(s + R/L)}{s^2 + (R/L)s + 1/LC}\right|_{s=0} = 1$$

だから，次のようになる．

$$\frac{(1/RC)\,(s+R/L)}{s\left\{s^2+(R/L)s+1/LC\right\}}=\frac{1}{s}+\frac{K_2 s+K_3}{s^2+(R/L)s+1/LC} \tag{5.105}$$

次に，K_2 と K_3 を求める．式 (5.105) の分母を払って，

$$\begin{aligned}\frac{1}{RC}s+\frac{1}{LC}&=\left(s^2+\frac{R}{L}s+\frac{1}{LC}\right)+(K_2 s+K_3)\,s\\&=(1+K_2)s^2+\left(\frac{R}{L}+K_3\right)s+\frac{1}{LC}\end{aligned}$$

となる．第1辺と第3辺の係数どうしを比較すると，

$$\begin{cases}1+K_2=0\\[2mm]\dfrac{R}{L}+K_3=\dfrac{1}{RC}\end{cases}$$

より，

$$\begin{cases}K_2=-1\\[2mm]K_3=\dfrac{1}{RC}-\dfrac{R}{L}=-\left(\dfrac{R}{L}-\dfrac{1}{RC}\right)\end{cases}$$

となる．すなわち，式 (5.104) は次式のように部分分数に分解される．

$$V_C(s)=E\left\{\frac{1}{s}-\frac{s+R/L-1/RC}{s^2+(R/L)s+1/LC}\right\} \tag{5.106}$$

{ } 内の第2項の分母を平方完成式に書き換えると，

$$\begin{aligned}V_C(s)&=E\left[\frac{1}{s}-\frac{s+R/L-1/RC}{(s+R/2L)^2+\left\{\sqrt{1/LC-(R/2L)^2}\right\}^2}\right]\\&=E\left[\frac{1}{s}-\frac{(s+R/2L)+(R/2L-1/RC)}{(s+R/2L)^2+\left\{\sqrt{1/LC-(R/2L)^2}\right\}^2}\right]\end{aligned}$$

となる．ここで，式 (5.100)，(5.101) のような置き換えを行うと，

$$V_C(s)=E\left\{\frac{1}{s}-\frac{(s+\alpha)+(\alpha-1/RC)}{(s+\alpha)^2+\omega^2}\right\}$$

$$= E\left\{\frac{1}{s} - \frac{(s+\alpha) + (1/\omega)(\alpha - 1/RC)\,\omega}{(s+\alpha)^2 + \omega^2}\right\} \tag{5.107}$$

となる．これをラプラス逆変換して，次のようになる．

$$V_C(t) = E\left[1 - e^{-\alpha t}\left\{\cos\omega t + \frac{1}{\omega}\left(\alpha - \frac{1}{RC}\right)\sin\omega t\right\}\right] \tag{5.108}$$

以上から，電流 $i(t)$ とコンデンサ C の端子電圧 $v_C(t)$ のグラフは図 5.22 のようになる．なお，

$t = 0+$ のとき：　$i(0+) = \dfrac{E}{R}\,[\mathrm{V}]$,　$v_C(0+) = 0\,[\mathrm{V}]$

$t \to \infty$ のとき：　$i(\infty) = 0\,[\mathrm{V}]$,　$v_C(\infty) = E\,[\mathrm{V}]$

である．

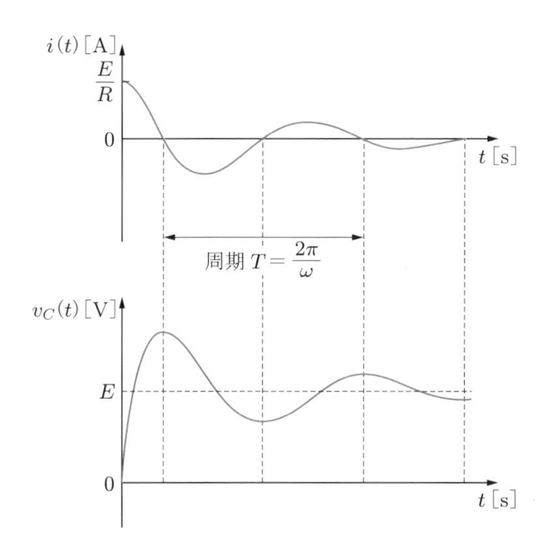

図 5.22　電流 $i(t)$ とコンデンサ電圧 $v_C(t)$ のグラフ

例題 5.4　図 5.23(a) の回路において，当初，スイッチは開いていて定常状態にあった．時刻 $t = 0$ でスイッチを閉じたときのインダクタ L の端子電圧の式を求め，グラフの概形を図示せよ．ただし，$1/LC > (1/2RC)^2$ であるとする．

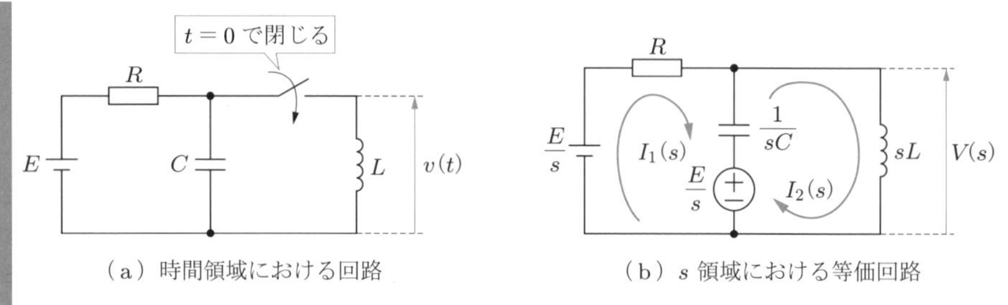

（a）時間領域における回路　　（b）s 領域における等価回路

図 5.23

解答　s 領域における等価回路を図 5.23(b) に示す．

$t<0$ において，コンデンサ C は，上端子 $+$，下端子 $-$ の向きに E [V] で充電されていたから，初期条件電源は E/s [V] である．二つの閉回路を扱うので，行列表現を用いるほうが簡単である．キルヒホッフの法則により，次のようになる．

$$\begin{bmatrix} R+\dfrac{1}{sC} & -\dfrac{1}{sC} \\ -\dfrac{1}{sC} & \dfrac{1}{sC}+sL \end{bmatrix} \begin{bmatrix} I_1(s) \\ I_2(s) \end{bmatrix} = \begin{bmatrix} 0 \\ E/s \end{bmatrix}$$

ここで，

$$\Delta = \begin{vmatrix} R+\dfrac{1}{sC} & -\dfrac{1}{sC} \\ -\dfrac{1}{sC} & \dfrac{1}{sC}+sL \end{vmatrix} = \left(R+\frac{1}{sC}\right)\left(\frac{1}{sC}+sL\right)-\left(\frac{1}{sC}\right)^2$$

$$= sRL+\frac{L}{C}+\frac{R}{sC}$$

とすると，

$$I_2(s) = \frac{1}{\Delta}\begin{vmatrix} R+\dfrac{1}{sC} & 0 \\ -\dfrac{1}{sC} & \dfrac{E}{s} \end{vmatrix} = \frac{R+1/sC}{sRL+L/C+R/sC}\cdot\frac{E}{s} = \frac{sRC+1}{s^2RLC+sL+R}\cdot\frac{E}{s}$$

となる．$V(s)$ は

$$V(s) = sLI_2(s) = \frac{sRLC+L}{s^2RLC+sL+R}E = \frac{s+1/RC}{s^2+(1/RC)s+1/LC}E$$

$$= \frac{s+1/RC}{s^2+(1/RC)s+1/LC}E = \frac{(s+1/2RC)+1/2RC}{(s+1/2RC)^2+1/LC-(1/2RC)^2}E$$

となる．ここで，

$$\alpha = \frac{1}{2RC}, \quad \beta = \sqrt{\frac{1}{LC}-\left(\frac{1}{2RC}\right)^2}$$

とおく．ただし，与えられた条件より，β の式の根号の中は正なので β は実数である．し

たがって，

$$V(s) = \frac{(s+\alpha)+\alpha}{(s+\alpha)^2+\beta^2}E = \frac{(s+\alpha)+(\alpha/\beta)\beta}{(s+\alpha)^2+\beta^2}E$$

であり，ラプラス逆変換して次のようになる．

$$v(t) = \mathcal{L}^{-1}[V(s)] = Ee^{-\alpha t}\left(\cos\beta t + \frac{\alpha}{\beta}\sin\beta t\right)$$

解 $v(t)$ のグラフは図 5.24 のようになる．

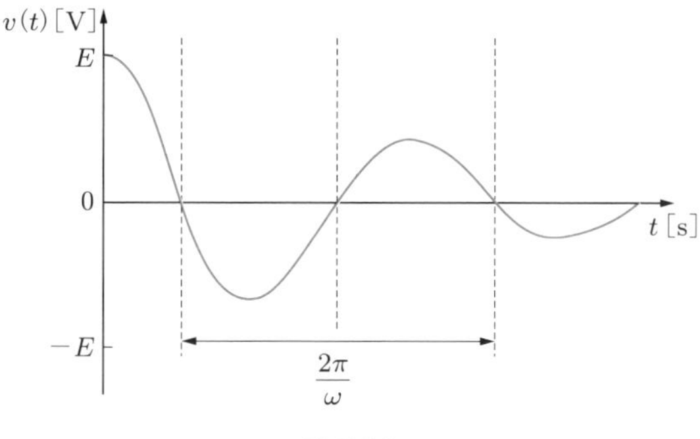

図 5.24

［別解］ ミルマンの定理を用いれば，キルヒホッフの法則を用いることなく（連立方程式を解くことなく），$V(s)$ の式をただちに求めることができる†．

$$V(s) = \frac{(1/R)\cdot(E/s)+sC\cdot(E/s)}{1/R+sC+1/sL} = \frac{(1/R)\cdot(1/s)+C}{sC+1/R+1/sL}E$$
$$= \frac{L/R+LCs}{s^2LC+(L/R)s+1}E = \frac{s+1/RC}{s^2+(1/RC)s+1/LC}E$$

5.4 s 領域の等価回路とラプラス逆変換を用いた交流過渡現象解析

5.4.1 R-L 回路の交流過渡現象解析

図 5.25(a) のように，抵抗 R [Ω] とインダクタ L [H] からなる直列回路に，時刻 $t=0$ で正弦波交流電圧

$$e(t) = \sqrt{2}E\sin\omega t \text{ [V]} \tag{5.109}$$

† 古典的方法では連立微分方程式を解かねばならないが，ラプラス変換法ではキルヒホッフの法則やミルマンの定理などの回路定理を利用できることも利点である．

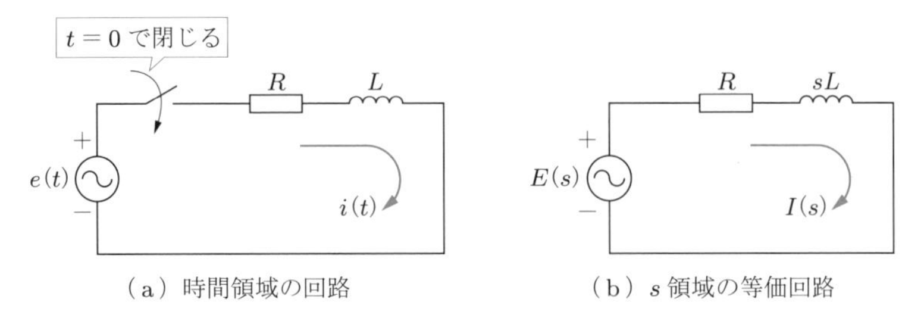

（a）時間領域の回路　（b）s 領域の等価回路

図 5.25　交流電圧が印加された **R-L** 直列回路

を印加した場合の電流 $i(t)$ の変化の様子を解析する．ただし，スイッチを閉じる前には電流は流れていなかったものとする．なお，この回路は図 3.1 の回路と同じである．

まず，$t \geq 0$ における図 (a) の回路を，図 (b) のような s 領域の等価回路に変換する．ただし，ここではインダクタに初期電流は流れていないので初期条件電源はない．ここで，

$$E(s) = \mathcal{L}[\sqrt{2}E\sin\omega t] = \frac{\sqrt{2}E\omega}{s^2+\omega^2} \tag{5.110}$$

である．

図 (b) においてキルヒホッフの法則を用いると，次のようになる．

$$I(s) = \frac{\sqrt{2}E\omega/(s^2+\omega^2)}{R+sL} = \frac{\sqrt{2}E\omega}{(R+sL)(s^2+\omega^2)} = \frac{\sqrt{2}E\omega/L}{(s+R/L)(s^2+\omega^2)}$$

部分分数に分解すると，

$$I(s) = \frac{K_1}{s+R/L} + \frac{K_2 s + K_3}{s^2+\omega^2} \tag{5.111}$$

という形になる．ここで，K_1〜K_3 は定数であり，

$$K_1 = \left.\frac{\sqrt{2}E\omega/L}{s^2+\omega^2}\right|_{s=-R/L} = \frac{\sqrt{2}\omega LE}{R^2+\omega^2L^2}$$

である．したがって，式 (5.111) は次のように部分分数分解される．

$$\frac{\sqrt{2}E\omega/L}{(s+R/L)(s^2+\omega^2)} = \frac{\sqrt{2}\omega LE/(R^2+\omega^2L^2)}{s+R/L} + \frac{K_2 s + K_3}{s^2+\omega^2}$$

分母を払うと，

$$\begin{aligned}\frac{\sqrt{2}E\omega}{L} &= \frac{\sqrt{2}\omega LE}{R^2+\omega^2L^2}(s^2+\omega^2) + (K_2 s + K_3)\left(s+\frac{R}{L}\right)\\ &= \left(\frac{\sqrt{2}\omega LE}{R^2+\omega^2L^2} + K_2\right)s^2 + \left(\frac{R}{L}K_2 + K_3\right)s + \left(\frac{\sqrt{2}\omega^3 LE}{R^2+\omega^2L^2} + \frac{R}{L}K_3\right)\end{aligned}$$

となる．両辺の係数どうしを比較すると，

$$\begin{cases} \dfrac{\sqrt{2}\omega LE}{R^2+\omega^2L^2}+K_2=0 \\ \dfrac{R}{L}K_2+K_3=0 \end{cases}$$

より，

$$\begin{cases} K_2=-\dfrac{\sqrt{2}\omega LE}{R^2+\omega^2L^2} \\ K_3=-\dfrac{R}{L}K_2=\dfrac{\sqrt{2}\omega RE}{R^2+\omega^2L^2} \end{cases}$$

となる．式 (5.111) をラプラス逆変換すると

$$i(t)=K_1e^{-\frac{R}{L}t}+K_2\cos\omega t+\frac{K_3}{\omega}\sin\omega t \tag{5.112}$$

となり，K_1～K_3 の値を代入すれば，次のようになる．

$$\begin{aligned} i(t)&=\frac{\sqrt{2}\omega LE}{R^2+\omega^2L^2}e^{-\frac{R}{L}t}-\frac{\sqrt{2}\omega LE}{R^2+\omega^2L^2}\cos\omega t+\frac{\sqrt{2}RE}{R^2+\omega^2L^2}\sin\omega t \\ &=\frac{\sqrt{2}\omega LE}{R^2+\omega^2L^2}\left(e^{-\frac{R}{L}t}+\frac{R}{\omega L}\sin\omega t-\cos\omega t\right) \end{aligned} \tag{5.113}$$

よって，解 $i(t)$ は減衰指数関数と三角関数の和となることがわかる．計算結果としての解答はこれでよいが，物理的内容がよくわからない．

そこで，式 (5.113) を変形していく．

$$\begin{aligned} i(t)&=\frac{\sqrt{2}E}{\sqrt{R^2+\omega^2L^2}}\cdot\frac{\omega L}{\sqrt{R^2+\omega^2L^2}}\left(e^{-\frac{R}{L}t}+\frac{R}{\omega L}\sin\omega t-\cos\omega t\right) \\ &=\frac{\sqrt{2}E}{\sqrt{R^2+\omega^2L^2}}\left(\frac{\omega L}{\sqrt{R^2+\omega^2L^2}}e^{-\frac{R}{L}t}+\frac{R}{\sqrt{R^2+\omega^2L^2}}\sin\omega t\right. \\ &\qquad\left.-\frac{\omega L}{\sqrt{R^2+\omega^2L^2}}\cos\omega t\right) \end{aligned}$$

ここで，図 5.26 のような直角三角形を考える．

図において，

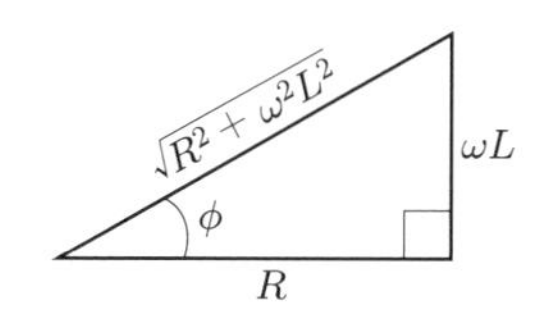

図 5.26　$\boldsymbol{R}$ と $\boldsymbol{\omega L}$ からなる直角三角形

$$\phi = \tan^{-1}\frac{\omega L}{R} \tag{5.114}$$

とすると，

$$\frac{R}{\sqrt{R^2+\omega^2L^2}} = \cos\phi, \quad \frac{\omega L}{\sqrt{R^2+\omega^2L^2}} = \sin\phi$$

だから，加法定理を用いて，

$$\begin{aligned} i(t) &= \frac{\sqrt{2}E}{\sqrt{R^2+\omega^2L^2}}\left(\sin\phi\cdot e^{-\frac{R}{L}t} + \cos\phi\cdot\sin\omega t - \sin\phi\cdot\cos\omega t\right) \\ &= \frac{\sqrt{2}E}{\sqrt{R^2+\omega^2L^2}}\left\{\sin\phi\cdot e^{-\frac{R}{L}t} + \sin(\omega t-\phi)\right\} \end{aligned}$$

となる．また，$\sqrt{2}E/\sqrt{R^2+\omega^2L^2}$ は定常電流（交流電流）の最大値なので，これを I_m とおいて，

$$I_m = \frac{\sqrt{2}E}{\sqrt{R^2+\omega^2L^2}} \tag{5.115}$$

とすると，

$$i(t) = I_m\left\{\sin\phi\cdot e^{-\frac{R}{L}t} + \sin(\omega t-\phi)\right\} = I_m\sin(\omega t-\phi) + I_m\sin\phi\cdot e^{-\frac{R}{L}t} \tag{5.116}$$

となって，式 (3.13) と一致する．第 1 項が定常解，第 2 項が過渡解を表している．

この問題からも，ラプラス変換を用いる解析では解析手順は単純だが，物理的な内容の把握が難しいことがわかるだろう．

また，電源が交流の場合，s 領域の電源電圧が s^2 の分数式になるため，ラプラス逆変換の計算がやや煩雑になる．場合によっては，ラプラス変換を使うより直接，微分方程式を解く（定常解と過渡解を求める）ほうが計算が容易なこともある．

5.4.2 *R-C* 回路の交流過渡現象解析

図 5.27(a) のように抵抗 $R\,[\Omega]$ とコンデンサ $C\,[\mathrm{F}]$ からなる直列回路に，時刻 $t=0$ で正弦波交流電圧

$$e(t) = \sqrt{2}E\sin\omega t\,[\mathrm{V}]$$

を印加した場合の電流 $i(t)$ の変化の様子を解析する．ただし，スイッチを閉じる前には電流は流れていなかったものとする．なお，この回路は図 3.7 の回路と同じである．

まず，$t \geq 0$ における図 (a) の回路を，図 (b) のような s 領域の等価回路に変換す

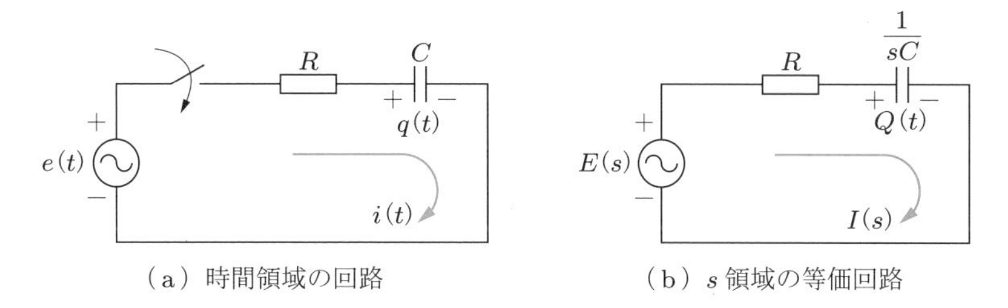

（a）時間領域の回路　（b）s 領域の等価回路

図 5.27　交流電圧が印加された R-C 直列回路

る．ただし，ここではコンデンサに初期電荷はないので初期条件電源はない．ここで，

$$E(s) = \mathcal{L}[\sqrt{2}E\sin\omega t] = \frac{\sqrt{2}E\omega}{s^2+\omega^2}$$

である．

図 (b) においてキルヒホッフの法則を用いると，次のようになる．

$$I(s) = \frac{\sqrt{2}E\omega/(s^2+\omega^2)}{R+1/sC} = \frac{\sqrt{2}E\omega}{(R+1/sC)(s^2+\omega^2)} = \frac{(\sqrt{2}E\omega/R)s}{(s+1/RC)(s^2+\omega^2)} \tag{5.117}$$

部分分数に分解すると

$$I(s) = \frac{K_1}{s+1/RC} + \frac{K_2 s + K_3}{s^2+\omega^2} \tag{5.118}$$

という形になる．ここで，K_1～K_3 は定数であり，

$$K_1 = \left.\frac{(\sqrt{2}E\omega/R)s}{s^2+\omega^2}\right|_{s=-\frac{1}{RC}} = -\frac{\sqrt{2}E\omega/R^2C}{1/R^2C^2+\omega^2} = -\frac{\sqrt{2}\omega CE}{1+\omega^2R^2C^2}$$

なので，

$$I(s) = \frac{(\sqrt{2}E\omega/R)s}{(s+1/RC)(s^2+\omega^2)} = \frac{-\sqrt{2}\omega CE/(1+\omega^2R^2C^2)}{s+1/RC} + \frac{K_2 s + K_3}{s^2+\omega^2}$$

となる．分母を払って，

$$\begin{aligned}\frac{\sqrt{2}E\omega}{R}s &= -\frac{\sqrt{2}\omega CE}{1+\omega^2R^2C^2}(s^2+\omega^2) + (K_2 s + K_3)\left(s+\frac{1}{RC}\right)\\ &= \left(-\frac{\sqrt{2}\omega CE}{1+\omega^2R^2C^2} + K_2\right)s^2 + \left(\frac{K_2}{RC} + K_3\right)s\\ &\quad + \left(-\frac{\sqrt{2}\omega^3 CE}{1+\omega^2R^2C^2} + \frac{K_3}{RC}\right)\end{aligned}$$

となる．両辺の係数どうしを比較して，

$$\begin{cases} -\dfrac{\sqrt{2}\omega CE}{1+\omega^2R^2C^2}+K_2=0 \\ -\dfrac{\sqrt{2}\omega^3 CE}{1+\omega^2R^2C^2}+\dfrac{K_3}{RC}=0 \end{cases}$$

より，

$$\begin{cases} K_2=\dfrac{\sqrt{2}\omega CE}{1+\omega^2R^2C^2} \\ K_3=\dfrac{\sqrt{2}\omega^3 RC^2E}{1+\omega^2R^2C^2} \end{cases}$$

となる．式 (5.118) をラプラス逆変換すると

$$i(t)=K_1e^{-\frac{1}{RC}t}+K_2\cos\omega t+\frac{K_3}{\omega}\sin\omega t \tag{5.119}$$

となり，K_1～K_3 の値を代入すれば，次のようになる．

$$\begin{aligned} i(t)&=-\frac{\sqrt{2}\omega CE}{1+\omega^2R^2C^2}e^{-\frac{R}{L}t}-\frac{\sqrt{2}\omega CE}{R^2+\omega^2L^2}\cos\omega t+\frac{\sqrt{2}\omega^2RC^2E}{R^2+\omega^2L^2}\sin\omega t \\ &=\frac{\sqrt{2}\omega CE}{1+\omega^2R^2C^2}\left(-e^{-\frac{R}{L}t}+\omega RC\sin\omega t+\cos\omega t\right) \end{aligned} \tag{5.120}$$

5.4.1 項で行ったのと同様に変形すると，次のようになる．

$$\begin{aligned} i(t)&=\frac{\sqrt{2}E/\omega C}{R^2+1/\omega^2C^2}\left(\omega RC\sin\omega t+\cos\omega t-e^{-\frac{1}{RC}t}\right) \\ &=\frac{\sqrt{2}E/\omega C}{\sqrt{R^2+1/\omega^2C^2}\sqrt{R^2+1/\omega^2C^2}}\left(\omega RC\sin\omega t+\cos\omega t-e^{-\frac{1}{RC}t}\right) \\ &=\frac{\sqrt{2}E}{\sqrt{R^2+1/\omega^2C^2}}\cdot\frac{1/\omega C}{\sqrt{R^2+1/\omega^2C^2}}\left(\omega RC\sin\omega t+\cos\omega t-e^{-\frac{1}{RC}t}\right) \\ &=\frac{\sqrt{2}E}{\sqrt{R^2+1/\omega^2C^2}}\left(\frac{R}{\sqrt{R^2+1/\omega^2C^2}}\sin\omega t+\frac{1/\omega C}{\sqrt{R^2+1/\omega^2C^2}}\cos\omega t\right. \\ &\qquad\left.-\frac{1/\omega C}{\sqrt{R^2+1/\omega^2C^2}}e^{-\frac{1}{RC}t}\right) \end{aligned}$$

ここで，図 5.28 のような直角三角形を考える．

図において

$$\phi=\tan^{-1}\frac{1}{\omega RC} \tag{5.121}$$

とすると，

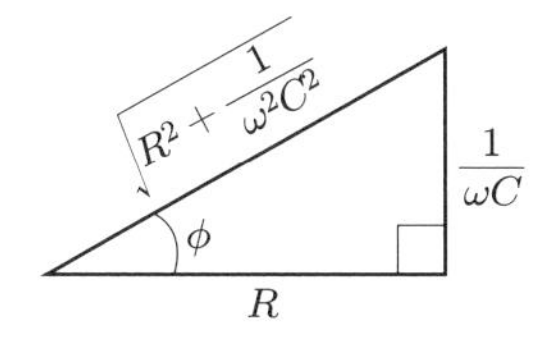

図 5.28　$\boldsymbol{R}$ と $\boldsymbol{1/\omega C}$ からなる直角三角形

$$\frac{R}{\sqrt{R^2 + 1/\omega^2 C^2}} = \cos\phi, \quad \frac{1/\omega C}{\sqrt{R^2 + 1/\omega^2 C^2}} = \sin\phi$$

だから，

$$\begin{aligned} i(t) &= \frac{\sqrt{2}E}{\sqrt{R^2 + 1/\omega^2 C^2}} \left(\cos\phi \cdot \sin\omega t + \sin\phi \cdot \cos\omega t - \sin\phi \cdot e^{-\frac{1}{RC}t} \right) \\ &= \frac{\sqrt{2}E}{\sqrt{R^2 + 1/\omega^2 C^2}} \left\{ \sin(\omega t + \phi) - \sin\phi \cdot e^{-\frac{1}{RC}t} \right\} \end{aligned}$$

となる．また，$\sqrt{2}E/\sqrt{R^2 + 1/\omega^2 C^2}$ は定常電流（交流電流）の最大値なので，これを I_m とおいて，

$$I_m = \frac{\sqrt{2}E}{\sqrt{R^2 + 1/\omega^2 C^2}} \tag{5.122}$$

とすると，

$$i(t) = I_m \left\{ \sin(\omega t + \phi) - \sin\phi \cdot e^{-\frac{1}{RC}t} \right\} = I_m \sin(\omega t + \phi) - I_m \sin\phi \cdot e^{-\frac{1}{RC}t} \tag{5.123}$$

となって，式 (3.29) と一致する．

5.4.3　R-L-C 回路の交流過渡現象解析

前項と同様に，s 領域の等価回路とラプラス逆変換を用いて R-L-C 回路の交流過渡現象解析も行うことができるが，s 領域における解の式が s の高次の分数式になるので計算は煩雑になる．

たとえば，初期条件のない R-L-C 回路に $e(t) = \sqrt{2}E \sin\omega t$ [V] という交流電圧を印加した場合の s 領域における電流は，

$$I(s) = \frac{\sqrt{2}E\omega/(s^2 + \omega^2)}{R + sL + 1/sC} = \frac{(\sqrt{2}E\,\omega/L)s}{\{s^2 + (R/L)s + 1/LC\}(s^2 + \omega^2)}$$

のように，分母が s の 4 次式となる．これを部分分数に分解すると，

$$I(s) = \frac{K_1 s + K_2}{s^2 + (R/L)s + 1/LC} + \frac{K_3 s + K_4}{s^2 + \omega^2} \tag{5.124}$$

という形になって，四つの未定係数 $K_1 \sim K_4$ を決めるために 4 元連立方程式を解く必要があり，厄介である．本書ではここで留めておく．このような場合は，むしろ 3.3 節で述べた古典的方法を用いるほうが計算は容易である．

なお，式 (5.124) の右辺第 1 項の分母は，完全平方式

$$\left(s + \frac{R}{2L}\right)^2 + \left\{\sqrt{\frac{1}{LC} - \left(\frac{R}{2L}\right)^2}\right\}^2$$

として表され，ラプラス逆変換すると $e^{-\frac{R}{2L}t}$ を乗じた式となるから減衰項（過渡解）となる．また，第 2 項は，ラプラス逆変換すると三角関数になるから持続振動（正弦波定常解）となる．

例題 5.5 図 5.29 の回路において，$R = 100\,[\Omega]$，$C = 0.01\,[\mathrm{F}]$，$e(t) = 100\sqrt{2}(\cos t + \sin t)\,[\mathrm{V}]$ であり，当初，スイッチは a 側にも b 側にも入れられておらず，コンデンサには電荷はなかったものとする．時刻 $t = 0\,[\mathrm{s}]$ でスイッチを a 側に入れ，その後，時刻 $t = \pi/2\,[\mathrm{s}]$ でスイッチを b 側に切り替えた．$t \geq 0$ における電流の式を求め，グラフの概形を図示せよ．

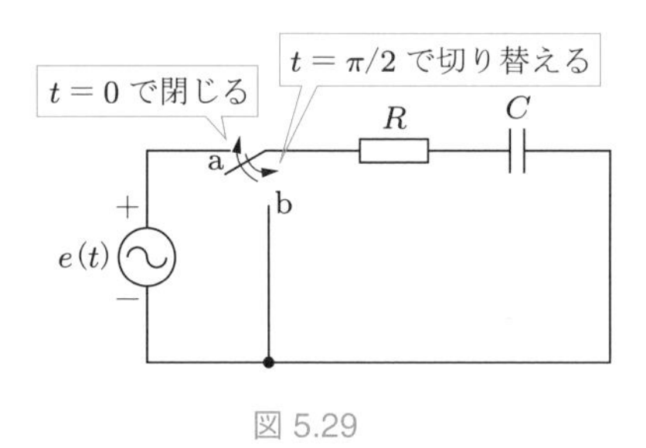

図 5.29

解答　動作は，モード 1（$0 \leq t < \pi/2$ のとき）とモード 2（$t \geq \pi/2$ のとき）に分けられる．

モード 1（$0 \leq t < \pi/2$ のとき）：

s 領域等価回路は図 5.30(a) のようになる．$E_m = 100\sqrt{2}$，$\omega = 1$ であるから，

$$\begin{aligned} I_1(s) &= \frac{E(s)}{R + 1/sC} = \frac{1}{R + 1/sC} \cdot E_m \frac{s + \omega}{s^2 + \omega^2} = \frac{s}{s + 1/RC} \cdot \frac{s + \omega}{s^2 + \omega^2} \cdot \frac{E_m}{R} \\ &= \frac{s}{s + 1} \cdot \frac{s + 1}{s^2 + 1} \cdot \frac{100\sqrt{2}}{100} = \frac{\sqrt{2}s}{s^2 + 1} \end{aligned}$$

$$V_C(s) = \frac{1}{sC} I(s) = \frac{\sqrt{2}}{C\,(s^2 + 1)} = \frac{100\sqrt{2}}{s^2 + 1}$$

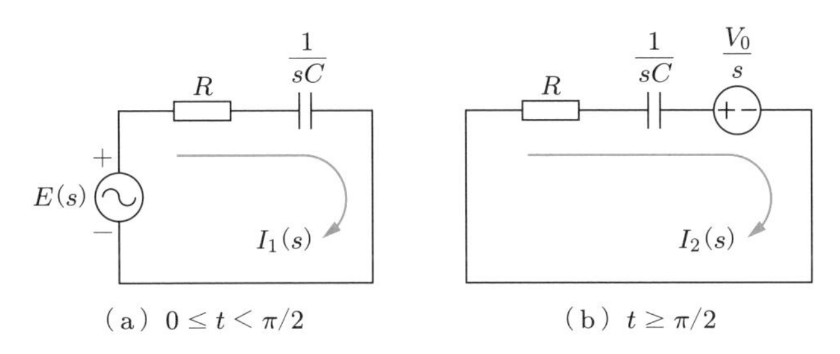

図 5.30

となる．したがって，次のようになる．

$$i_1(t) = \sqrt{2}\cos t\,[\mathrm{A}], \quad v_C(t) = 100\sqrt{2}\sin t\,[\mathrm{V}]$$

モード 2（$t \geq \pi/2$ のとき）：

s 領域等価回路は図 5.30(b) のようになる．このモード 2 の開始時のコンデンサ電圧（初期条件）は $V_0 = v_C(\pi/2) = 100\sqrt{2}\,[\mathrm{V}]$ だから，

$$I_2(s) = \frac{-V_0/s}{R + 1/sC} = \frac{-V_0/R}{s + 1/RC} = -\frac{\sqrt{2}}{s+1}$$

となる．したがって，次のようになる．

$$i_2(t) = -\sqrt{2}e^{-\left(t - \frac{\pi}{2}\right)}\,[\mathrm{A}]$$

以上から，グラフは図 5.31 のようになる．

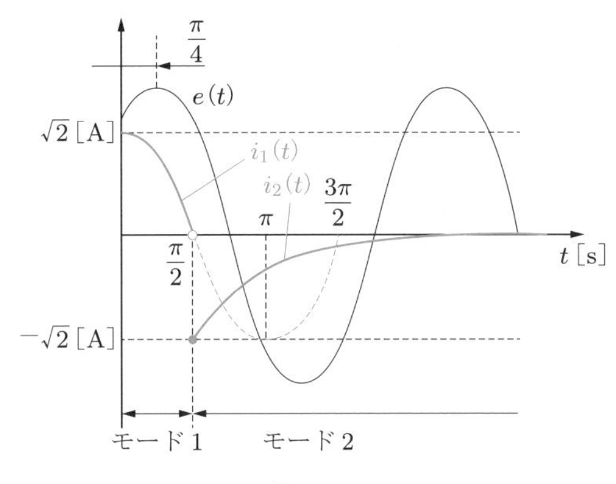

図 5.31

演習問題

5.1 問図5.1の回路は定常状態にあったとする．時刻 $t = 0$ [s] でスイッチ Sw_1 を閉じて，その後 $t = T$ [s] でスイッチ Sw_2 を閉じるときの電流 $i(t)$ の式を求め，グラフの概形を図示せよ．

5.2 問図5.2の回路は定常状態にあったとする．時刻 $t = 0$ [s] でスイッチを閉じたときの電流 $i_1(t)$，$i_2(t)$ の式を求めよ．また，$i_1(t)$ と $i_2(t)$ が等しくなる時刻を求めよ．

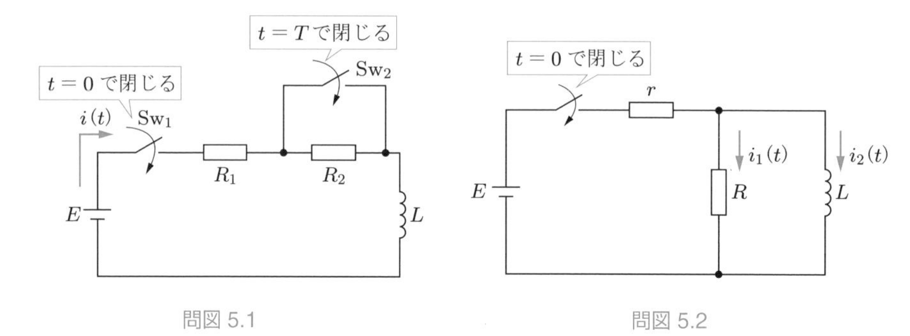

問図 5.1　　問図 5.2

5.3 問図5.3の回路は最初スイッチが閉じていて定常状態にあったとする．時刻 $t = 0$ [s] でスイッチを開いたときの電流 $i(t)$ の式を求めよ．

5.4 問図5.4の回路において，最初スイッチはa側に入れられており，定常状態にあったとする．時刻 $t = 0$ [s] でスイッチをb側に切り替えたときのコンデンサ C_1 の端子電圧 $v_1(t)$ の式を求めよ．

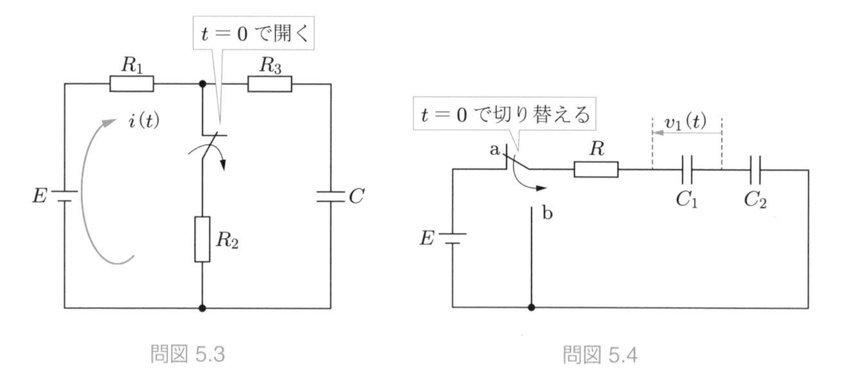

問図 5.3　　問図 5.4

機械系と電気系のアナロジーと等価電気回路による過渡現象解析

前章まで電気回路の過渡現象を考察してきたが，この考え方は機械系，さらには熱・流体系にも適用できる．ここでは，機械系と電気系の類似性を類推（アナロジー）することにより，機械系を等価電気回路に置き換えて考える解析法を検討する．例として，物体の振動や血圧の変動のシミュレーションなどを取り上げる．

6.1 機械系と電気系のアナロジー

何らかの情報に基づいて，特定の事物を他の事物へ，その類似性を推測することをアナロジーという．機械系と電気系において，その動作を表す方程式に着目すると，類似していることが理解できる[†1]．

ここでは，機械系の力 f [N] を電気系の起電力（電圧）v [V] に対応させて，機械系と電気系のアナロジーを考えよう[†2]．

6.1.1 直線運動における機械系と電気系のアナロジー

(1) 物体にはたらく力と速度

図 6.1(a) に示すように，摩擦や空気抵抗がない状況で，質量 M [kg] の物体に力 f [N] を与えたところ，速度 u [m/s][†3] で動いたとすると，運動方程式

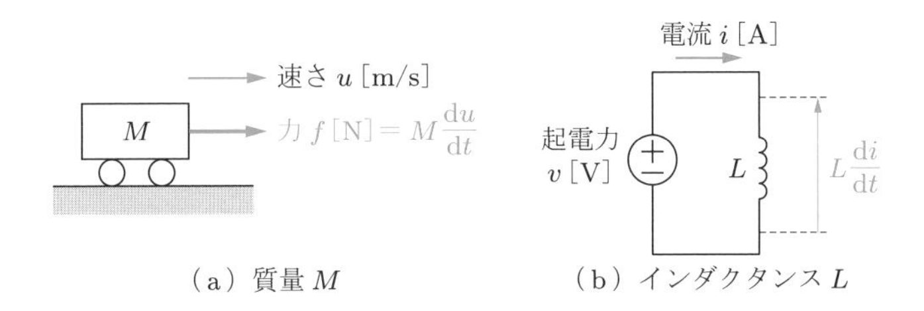

図 6.1 質量 M の物体とインダクタクタンス L のインダクタの類似

†1 もっと広く考えると，流体や熱系も電気系と類似関係にある．
†2 これを“力 ↔ 起電力法”という．
†3 物理学や機械工学では速度の変数には“v”が用いられるが，電気電子工学では“v”は電圧の変数として用いられるので，ここでは速度の変数を“u”とする．

$$f = M\frac{\mathrm{d}u}{\mathrm{d}t} \tag{6.1}$$

が成り立つ．

一方，図(b)のように，インダクタの端子電圧と電流の関係は

$$v = L\frac{\mathrm{d}i}{\mathrm{d}t} \tag{6.2}$$

で与えられる．

両者を比較すると，$f \to v$，$u \to i$，$M \to L$ という対応関係にあり，式の形が同じであることがわかる．これが類似関係である．すなわち，

- 力 f を電圧（起電力）v
- 速度 u を電流 i

に対応させて考えれば，

- 質量 M の物体はインダクタンス L のインダクタ

に置き換えて考えることができる．

(2)　機械抵抗（粘性抵抗）にはたらく力と速度

図6.2(a)に示すように，機械抵抗 D [N·s/m] に力 f [N] を与えたところ，速度 u [m/s] が f [N] に比例する場合†，運動の式は

$$f = Du \tag{6.3}$$

が成り立つ．

一方，図(b)のように，電気抵抗 R の端子電圧と電流の関係は，オームの法則により

$$v = Ri \tag{6.4}$$

で与えられる．

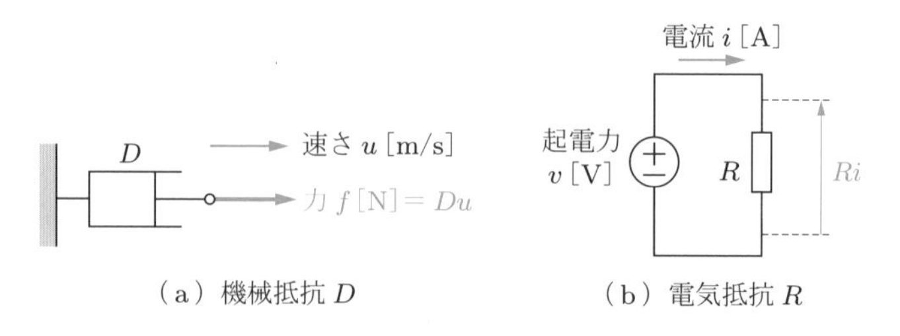

（a）機械抵抗 D　　（b）電気抵抗 R

図6.2　機械抵抗 D と電気抵抗 R の類似

† レイノルズ数が小さい場合の流体抵抗，速度が小さい場合の空気抵抗などがこれにあたる．

両者を比較すると，$f \to v$，$u \to i$，$D \to R$ という対応関係にあり，式の形が同じであることがわかる．すなわち，

- 機械抵抗 D を電気抵抗 R

に置き換えて考えることができる．

(3)　ばねにはたらく力と速度

図 6.3(a) に示すように，機械的なコンプライアンス C_m [m/N][†] をもつばねに力 f [N] を与えたところ，変位量が x [m] で，速度が u [m/s] であったとすると，フックの法則から

$$f = Kx = \frac{1}{C_m}x = \frac{1}{C_m}\int u\mathrm{d}t \tag{6.5}$$

が成り立つ．

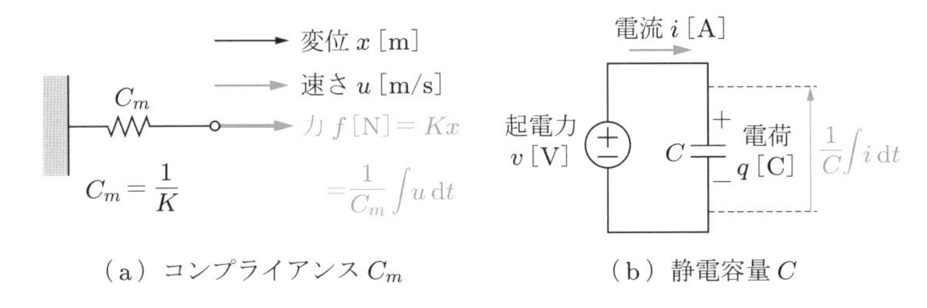

図 6.3　コンプライアンス C_m とコンデンサ C の類似

一方，図 (b) のように，コンデンサ C の端子電圧と電流，電荷の関係は，

$$v = \frac{q}{C} = \frac{1}{C}q = \frac{1}{C}\int i\mathrm{d}t \tag{6.6}$$

で与えられる．

両者を比較すると，$f \to v$，$u \to i$，$x \to q$，$C_m \to C$ という対応関係にあり，式の形が同じであることがわかる．すなわち，

- コンプライアンス C_m はコンデンサ C

に置き換えて考えることができる．

6.1.2　回転運動における機械系と電気系のアナロジー

回転運動する機械系についても，直線運動する場合と同様に考えればよい．

---

† ばね定数 K [N/m] の逆数をコンプライアンス C_m [m/N] とよぶ．

(1) 回転体にはたらくトルクと回転角速度

図 6.4(a) に示すように，摩擦や空気抵抗がない状況で，慣性モーメント J [kg·m^2] の回転体にトルク τ [N·m] を与えたところ，角速度 ω_r [rad/s] で回転したとすると，運動方程式

$$\tau = J\frac{\mathrm{d}\omega_r}{\mathrm{d}t} \tag{6.7}$$

が成り立つ．

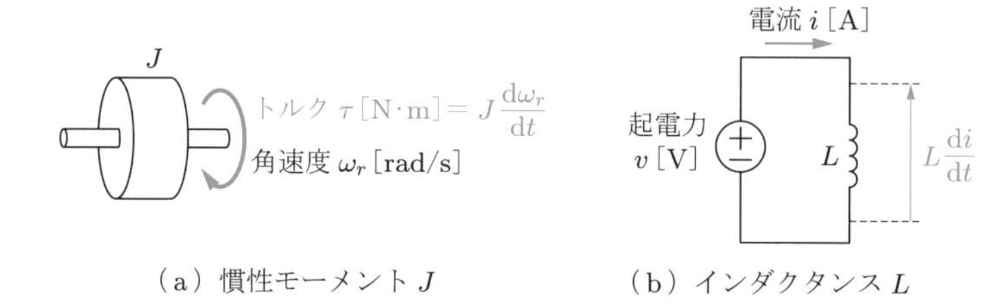

（a）慣性モーメント J　（b）インダクタンス L

図 6.4 慣性モーメント J とインダクタ L の類似

一方，図 (b) のように，インダクタの端子電圧と電流の関係は

$$v = L\frac{\mathrm{d}i}{\mathrm{d}t}$$

で与えられる．

両者を比較すると，$\tau \to v$，$\omega_r \to i$，$J \to L$ という対応関係にあり，式の形が同じであることがわかる．すなわち，

- トルク τ を電圧（起電力）v
- 回転角速度 ω_r を電流 i

に対応させて考えれば，

- 慣性モーメント J の回転体はインダクタンス L のインダクタ

に置き換えて考えることができる．

(2) 回転機械抵抗にはたらくトルクと回転角速度

図 6.5(a) に示すように，回転機械抵抗 D_r [N·s/rad] にトルク τ [N·m] を与えたところ，回転角速度 ω_r [rad/s] が τ [N·m] に比例する場合，

$$\tau = D_r\omega_r \tag{6.8}$$

が成り立つ．

一方，図 (b) のように，電気抵抗 R の端子電圧と電流の関係は，オームの法則により

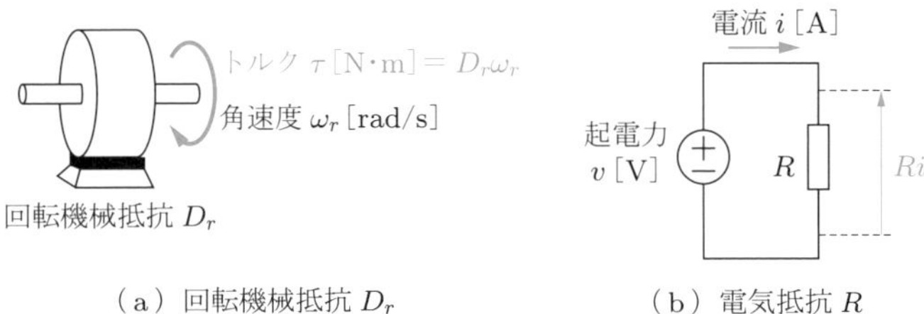

（a）回転機械抵抗 D_r　（b）電気抵抗 R

図 6.5　**回転機械抵抗 D_r と電気抵抗 R の類似**

$$v = Ri$$

で与えられる.

両者を比較すると，$\tau \to v$，$\omega_r \to i$，$D \to R$ という対応関係にあり，式の形が同じであることがわかる．すなわち，

- 機械抵抗 D は電気抵抗 R

に置き換えて考えることができる．

(3)　回転ばねにはたらくトルクと回転角速度

図 6.6(a) に示すように，回転コンプライアンス C_r [rad/N·m] をもつ回転ばねにトルク τ [Nm] を与えたところ，変位角が θ [rad] で，回転角速度が ω_r [rad/s] であったとすると，

$$\tau = \frac{1}{C_r}\theta = \frac{1}{C_r}\int \omega_r \mathrm{d}t \tag{6.9}$$

が成り立つ．

一方，図 (b) のように，コンデンサ C の端子電圧と電流，電荷の関係は，

$$v = \frac{q}{C} = \frac{1}{C}q = \frac{1}{C}\int i\mathrm{d}t$$

で与えられる．

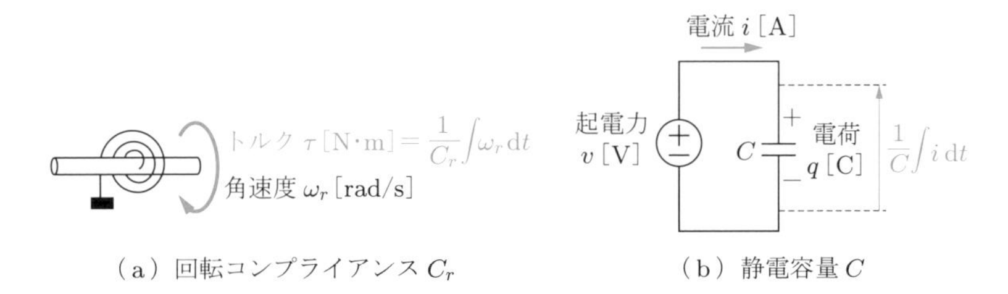

（a）回転コンプライアンス C_r　（b）静電容量 C

図 6.6　**回転コンプライアンス C_r とコンデンサ C の類似**

両者を比較すると，$\tau \to v$，$\omega_r \to i$，$\theta \to q$，$C_r \to C$ という対応関係にあり，式の形が同じであることがわかる．すなわち，

- 回転コンプライアンス C_r はコンデンサ C

に置き換えて考えることができる．

6.2 等価電気回路による機械系の動作解析

6.2.1 機械抵抗やばねの一端が固定されている機械系

(1)　1次系の場合

図6.7(a) のように，質量 M の物体が機械抵抗 D を介して吊り下げられている機械系を考えよう．図において，時刻 $t = 0$ で手を離すと，物体はどのような速度で運動するだろうか．ただし，g は重力加速度で，機械抵抗の質量，および空気抵抗は無視する．

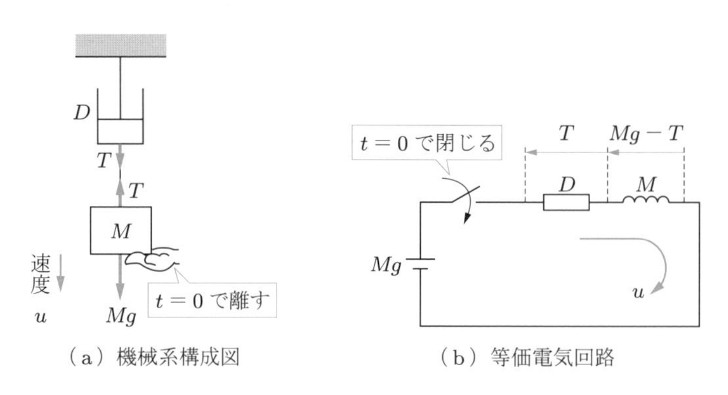

図6.7　機械抵抗を介して吊り下げられた物体の運動

機械抵抗と物体間の張力を T [N] とすると，

$$T = Du \tag{6.10}$$

$$Mg - T = M\frac{\mathrm{d}u}{\mathrm{d}t} \quad すなわち \quad T + M\frac{\mathrm{d}u}{\mathrm{d}t} = Mg \tag{6.11}$$

となる．したがって，等価電気回路は図(b) のようになる．この解は，2.1.1項あるいは5.3.1項で解析した結果を基にすると

$$u = \frac{Mg}{D}\left(1 - e^{-\frac{D}{M}t}\right) \tag{6.12}$$

となる．

(2)　2次系の場合

図 6.8(a) のように，質量 M の物体が機械抵抗 D とコンプライアンス C_m のばねを介して吊り下げられている機械系を考える．図において，時刻 $t = 0$ で手を離すと，物体はどのような速度で運動するだろうか．ただし，当初ばねは自然長の状態にあるとする．また，g は重力加速度で，機械抵抗とばねの質量，および空気抵抗は無視する．定数の条件は $(D/2M)^2 < 1/MC_m$ とする（振動性）．

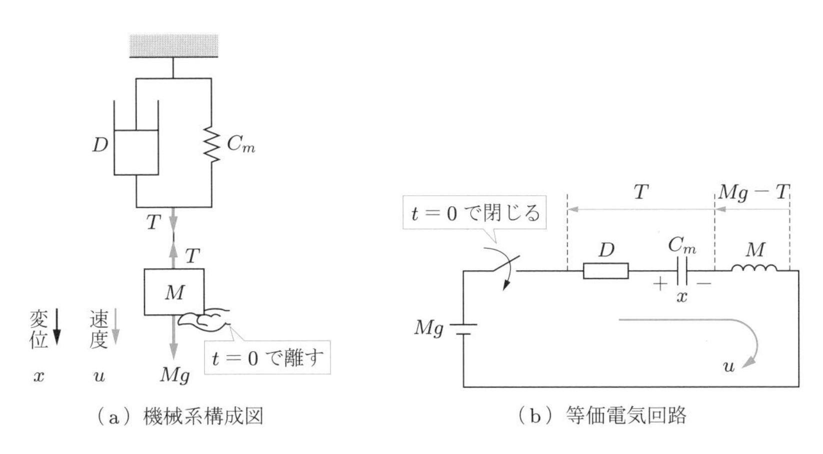

図 6.8　機械抵抗とばねを介して吊り下げられた物体の運動

機械抵抗と物体間の張力を T [N] とすると，

$$T = Du + \frac{1}{C_m}\int u\mathrm{d}t \tag{6.13}$$

$$Mg - T = M\frac{\mathrm{d}u}{\mathrm{d}t} \quad \text{すなわち} \quad T + M\frac{\mathrm{d}u}{\mathrm{d}t} = Mg \tag{6.14}$$

となる．したがって，等価電気回路は図 (b) のようになる．この解は，2.4 節 (a) あるいは 5.3.3 項で解析した結果を基にすると，

$$u = \frac{Mg}{\omega M}e^{-\alpha t}\sin\omega t = \frac{g}{\omega}e^{-\alpha t}\sin\omega t \tag{6.15}$$

となる．ここで，

$$\alpha = \frac{D}{2M} \tag{6.16}$$

$$\omega = \sqrt{\frac{1}{MC_m} - \left(\frac{D}{2M}\right)^2} = \sqrt{\frac{1}{MC_m} - \alpha^2} \tag{6.17}$$

である．つまり，物体は減衰振動し，十分時間が経過すると速度 u は 0 になって静止する．このときの変位量（最終値）は基準位置（当初の位置）から下方向に $C_m Mg$ [m]

である．

6.2.2 機械抵抗やばねが固定端に接続されていない機械系

このような接続では機械抵抗やばねの両端の速度が異なるため，移動速度は相対差になる．

(1) 1次系の場合

図 6.9(a) のように，質量 M の物体が機械抵抗 D を介して力 f で引っ張られる機械系を考える．ただし，機械抵抗の質量，および空気抵抗や摩擦は無視する．

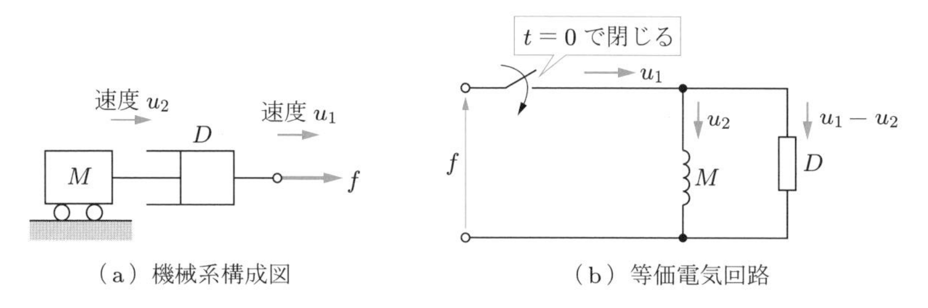

（a）機械系構成図　　（b）等価電気回路

図 6.9　機械抵抗を介して力が与えられた場合の物体の運動

機械抵抗と物体はともに f [N] の力で引かれ，機械抵抗の移動速度は相対的に u_1-u_2 となるから，次のようになる．

$$f = D(u_1 - u_2) \tag{6.18}$$

$$f = M\frac{\mathrm{d}u_2}{\mathrm{d}t} \tag{6.19}$$

よって，等価電気回路は図 (b) のような並列回路となる．

したがって，与えられた力が

$$f = F_m \sin\omega t \,[\mathrm{N}] \tag{6.20}$$

のように正弦波状の振動力だった場合，過渡現象が落ち着いた後の定常状態（定常解のみ存在）においては，等価回路は図 6.10(a) のようになる．

図において，分流の式より

$$\dot{U}_2 = \frac{D}{D + j\omega M}\dot{U}_1$$

だから，$|\dot{U}_1|$ に対する $|\dot{U}_2|$ の比 η を求めると，

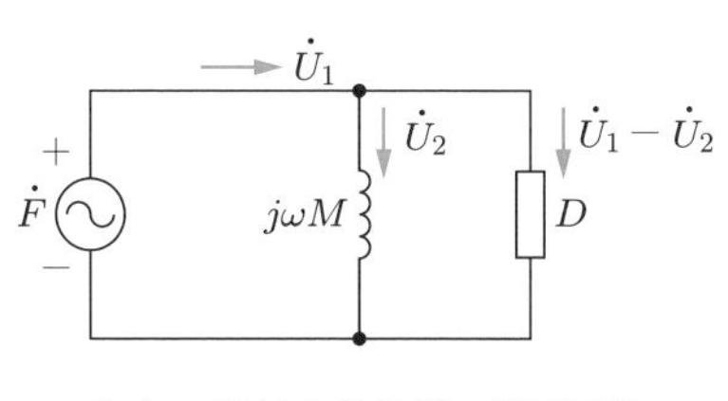

（a）正弦波定常状態の等価回路

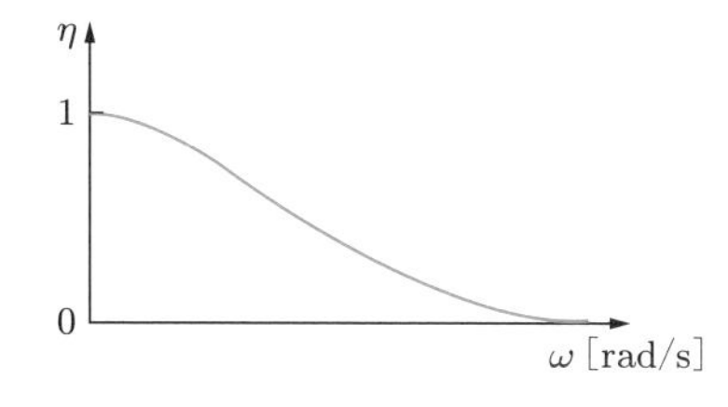

（b）周波数特性

図 6.10　機械抵抗を介して正弦波振動力が与えられた場合

$$\eta = \frac{|\dot{U}_2|}{|\dot{U}_1|} = \left|\frac{D}{D + j\omega M}\right| = \frac{D}{\sqrt{D^2 + (\omega M)^2}} \tag{6.21}$$

となり，その周波数特性は図 (b) のようになる．したがって，振動角周波数 ω が高いほど物体の振動速度は小さくなることがわかる．

(2)　2 次系の場合

図 6.11(a) のように，質量 M の物体が機械抵抗 D とコンプライアンス C_m のばねを介して力 f で引っ張られる機械系を考える．ただし，機械抵抗とばねの質量，および空気抵抗や摩擦は無視する．

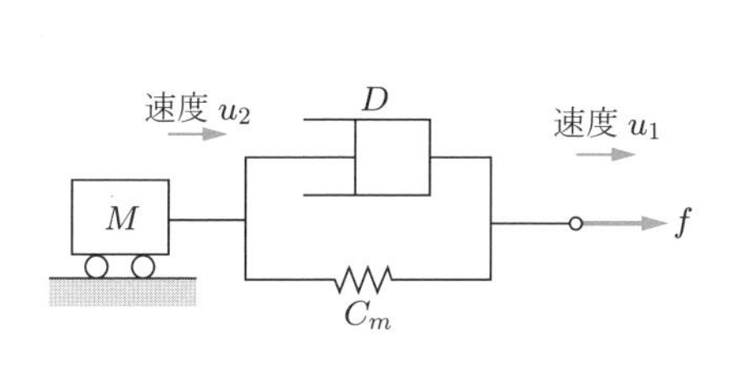

（a）機械系構成図

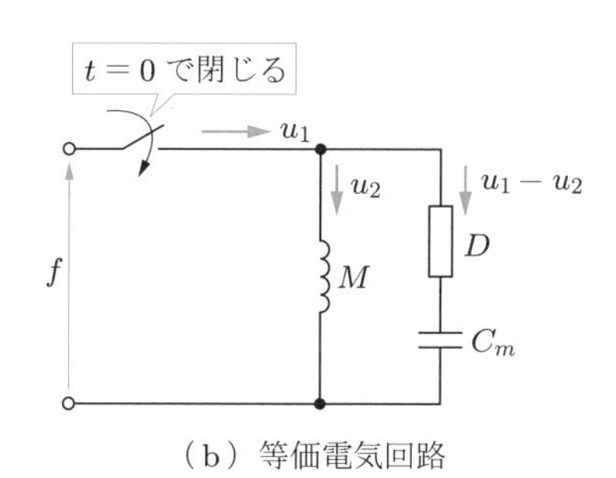

（b）等価電気回路

図 6.11　機械抵抗とばねを介して力が与えられた場合

機械抵抗とばねの部分，物体はともに f [N] の力で引かれ，機械抵抗に加わる力とばねに加わる力の和が f となる．また，機械抵抗とばね移動速度は相対的に $u_1 - u_2$ となるから，次のようになる．

$$f = D(u_1 - u_2) + \frac{1}{C_m}\int(u_1 - u_2)\mathrm{d}t \tag{6.22}$$

$$f = M\frac{\mathrm{d}u_2}{\mathrm{d}t} \tag{6.23}$$

よって，等価電気回路は図 (b) のような直並列回路となる．

また，与えられた力が

$$f = F_m \sin \omega t \,[\mathrm{N}] \tag{6.24}$$

のように正弦波状の振動力だった場合，過渡現象が落ち着いた後の定常状態（定常解のみ存在）においては，等価回路は図 6.12(a) のようになる．

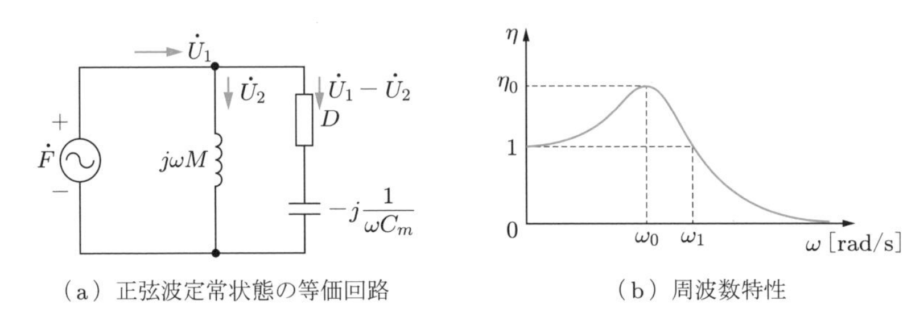

（a）正弦波定常状態の等価回路　　（b）周波数特性

図 6.12　機械抵抗とばねを介して正弦波振動力が与えられた場合

図において，分流の式より

$$\dot{U}_2 = \frac{D - j/\omega C_m}{j\omega M + (D - j/\omega C_m)}\dot{U}_1 = \frac{D - j/\omega C_m}{D + j(\omega M - 1/\omega C_m)}\dot{U}_1$$

だから，$|\dot{U}_1|$ に対する $|\dot{U}_2|$ の比 η を求めると

$$\eta = \frac{|\dot{U}_2|}{|\dot{U}_1|} = \left| \frac{D - j\dfrac{1}{\omega C_m}}{D + j\left(\omega M - \dfrac{1}{\omega C_m}\right)} \right| = \sqrt{\frac{D^2 + \left(\dfrac{1}{\omega C_m}\right)^2}{D^2 + \left(\omega M - \dfrac{1}{\omega C_m}\right)^2}}$$

$$= \sqrt{\frac{\omega^2 C_m^2 D^2 + 1}{\omega^2 C_m^2 D^2 + (\omega^2 M C_m - 1)^2}} \tag{6.25}$$

となる．ここで，$\omega = 0$ のとき $\eta = 1$，$\omega \to \infty$ のとき $\eta \to 0$ である．

また，$\omega M - 1/\omega C_m = 0$ のとき，すなわち

$$\omega_0 = \frac{1}{\sqrt{M C_m}} \tag{6.26}$$

において，

$$\eta_0 = \sqrt{\frac{D^2 + \dfrac{M}{C_m}}{D^2}} = \sqrt{1 + \frac{M}{D^2 C_m}} > 1 \tag{6.27}$$

となる．さらに，$\eta < 1$ になるときの境界 ω_1 は，式 (6.24) で $\eta = 1$ とおいて，次のようになる．

$$
\begin{aligned}
&D^2 + \left(\frac{1}{\omega_1 C_m}\right)^2 = D^2 + \left(\omega_1 M - \frac{1}{\omega_1 C_m}\right)^2 \\
&\frac{1}{\omega_1 C_m} = \omega_1 M - \frac{1}{\omega_1 C_m} \\
&\therefore \omega_1 = \frac{\sqrt{2}}{\sqrt{MC_m}} = \sqrt{2}\omega_0 \qquad (6.28)
\end{aligned}
$$

したがって，その周波数特性は図 6.12(b) のようになり，$\omega > \omega_1$ において，物体の振動速度を抑制できる．

たとえば，図 6.13 のような構造に応用すると，外枠が速度 u_1 で振動したとしても，機械系の固有振動角周波数 ω_1 が，印加される振動力 f の振動角周波数 ω よりも大きくなるようにコンプライアンス C_m を設計すれば，物体の速度 u_2 を振動速度より小さくすることができる（免振構造）．

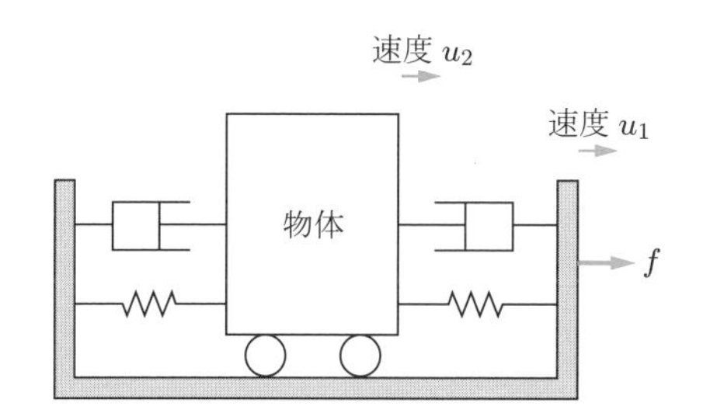

図 6.13　機械抵抗とばねを使用した免振構造モデル

6.2.3 循環器系のモデル化

血液はポンプと弁からなる心臓から肺，動脈，細動脈を通って末端組織に送られ，静脈を通って心臓に戻ってくる．その様子を簡易モデル化したものを図 6.14(a) に示す．そのモデル図を等価電気回路に置き換えると図 (b) のようになる．R_1，R_2，C_1，C_2 は血管の流体抵抗，コンプライアンスを，v_0 は心臓が作っている圧力（正弦波全波整流波に近似），v_3 は末端組織の血圧を表している．

図 (b) の回路動作を筆算で解析することは厄介だが，回路シミュレータ PSIM を利用すると簡単に解が得られる．解析のための回路エディット例を図 6.15(a) に，その解析結果を図 (b) に示す．血圧が最大値と最小値の間で定期的に変動する様子がわかる．

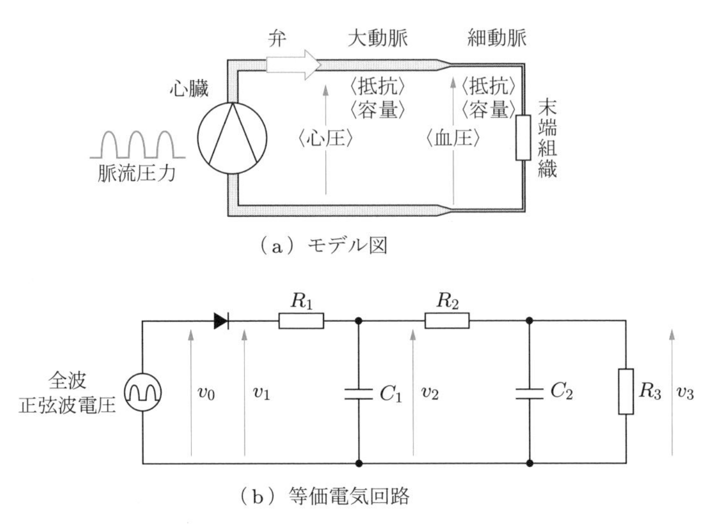

図 6.14　循環器系のモデル化

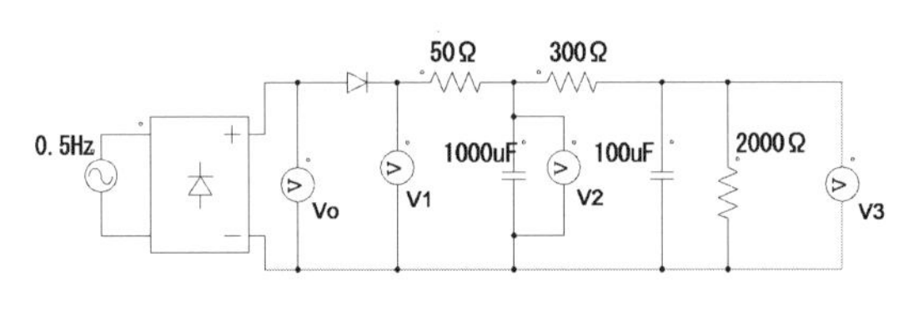

（a）等価電気回路エディット例

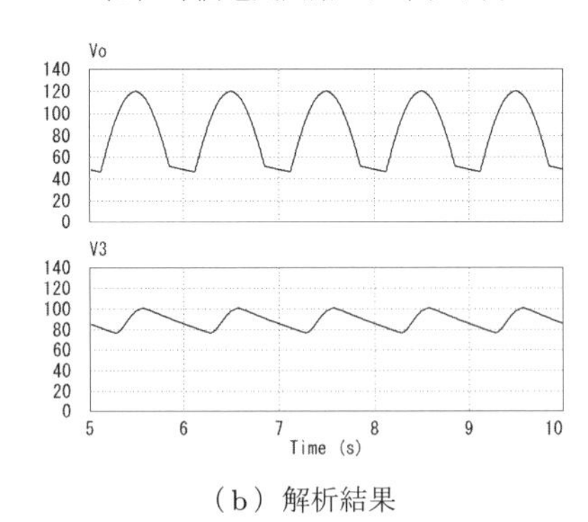

（b）解析結果

図 6.15　循環器系のモデル化の例と解析結果

例題 6.1 図 6.16 に示す機械系の等価電気回路を求めよ.

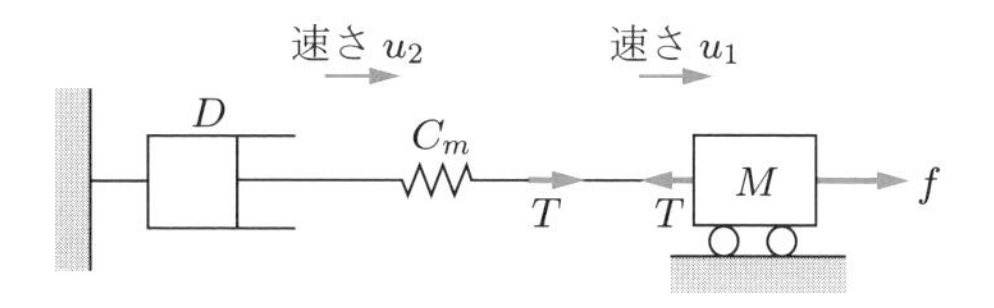

図 6.16

解答 物体とばねの間の張力を T [N] とすると，次のようになる.

$$質量 M： \quad f - T = M\frac{\mathrm{d}u_1}{\mathrm{d}t}$$

$$ばね C_m： \quad T = \frac{1}{C_m}\int (u_1 - u_2)\mathrm{d}t$$

$$機械抵抗 D： \quad T = Du_2$$

ばねと機械抵抗に加わる力は等しく，これは等価電気回路で考えると印加電圧が等しいことに相当するので，並列回路になる．また，物体に加わる力は $f - T$ なので，等価回路において物体はばね・機械抵抗と直列になる．したがって，等価回路は図 6.17 のようになる.

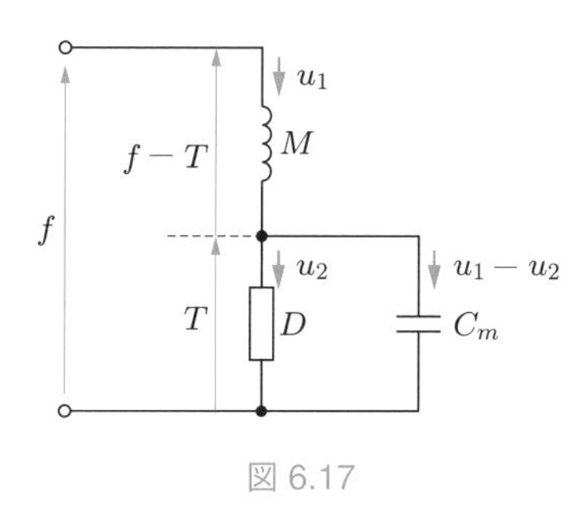

図 6.17

例題 6.2 図 6.18 に示す機械系の等価電気回路を求めよ.

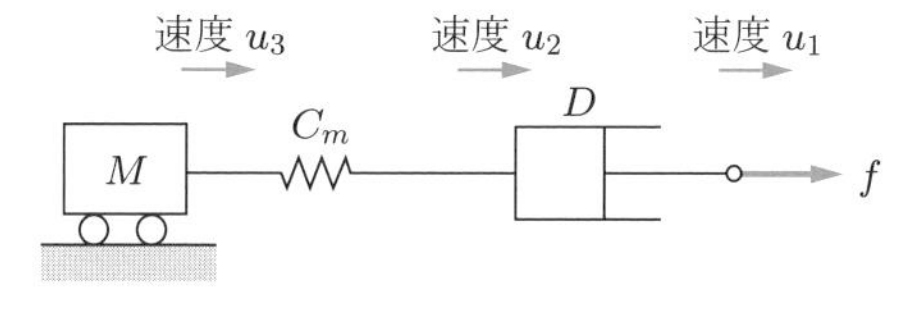

図 6.18

解答 次のようになる.

$$質量 M： \quad f = M\frac{\mathrm{d}u_3}{\mathrm{d}t}$$

$$ばね C_m： \quad f = \frac{1}{C_m}\int (u_2 - u_3)\mathrm{d}t$$

機械抵抗 D：　$f = D(u_1 - u_2)$

各機械要素に加わる力は等しいので，等価電気回路は並列回路になり，図 6.19 のようになる．

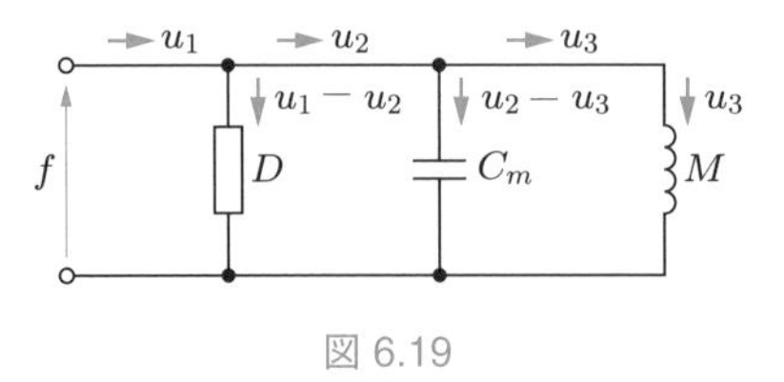

図 6.19

演習問題

6.1 問図 6.1 に示す機械系の等価電気回路を求めよ．

6.2 問図 6.2 に示す機械系の等価電気回路を求めよ．

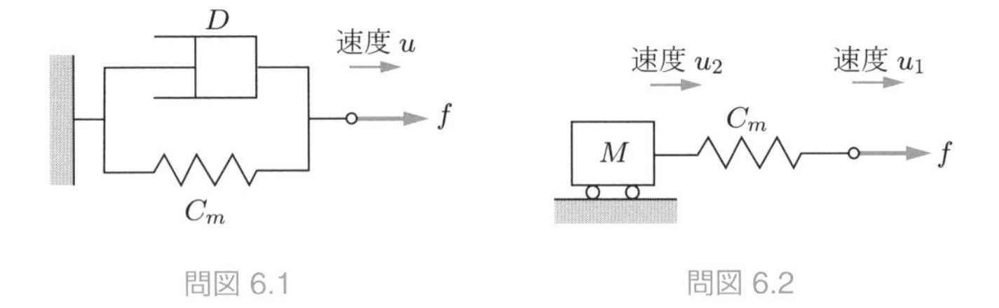

問図 6.1　　問図 6.2

演習問題解答

1章

1.1　1.2 節を参照

1.2　1.3 節を参照

1.3　1.4 節を参照

2章

2.1　$i(t) = (E/R)\left(1 - e^{-\frac{R}{L}t}\right) = I_\infty\left(1 - e^{-\frac{1}{\tau}t}\right)$ となる．ここで，$I_\infty = E/R$ は最終値，$\tau = L/R$ は時定数である．$i(t) = 0.7I_\infty$ になるとき，$1 - e^{-\frac{1}{\tau}t} = 0.7$ だから $t = 1.20\tau$ より 1.20 倍となる．同様に，$i(t) = 0.8I_\infty$ になるとき 1.61 倍，$i(t) = 0.9I_\infty$ になるとき，2.30 倍となる．

2.2　電源から流れる電流 $i(t)$ は R-L 回路を流れる電流と R-C 回路を流れる電流の和であるから，次のようになる．

$$i(t) = \frac{E}{R}\left(1 - e^{-\frac{R}{L}t}\right) + \frac{E}{R}e^{-\frac{1}{RC}t} = \frac{E}{R} + \frac{E}{R}\left(e^{-\frac{1}{RC}t} - e^{-\frac{R}{L}t}\right)$$

過渡現象が生じないためには，右辺第 2 項の過渡項が 0 になればよいから，

$$e^{-\frac{1}{RC}t} = e^{-\frac{R}{L}t}$$

となる．したがって，次のようになる．

$$\frac{1}{RC} = \frac{R}{L} \qquad \therefore R = \frac{1}{\sqrt{LC}}$$

2.3　$t \geq 0$ において，C_1 の電荷を $q_1(t)$，C_2 の電荷を $q_2(t)$ とすると，

$$\frac{1}{C_1}q_1(t) + \frac{1}{C_2}q_2(t) + Ri(t) = 0 \tag{1}$$

が成り立つ．さらに，$i(t) = \mathrm{d}q_1(t)/\mathrm{d}t = \mathrm{d}q_2(t)/\mathrm{d}t$ なので，$q_1(t) = q_2(t) + Q_0$（Q_0：定数）である．ここで，$t < 0$ において C_1 は ± の向きに E [V] に充電され，C_2 は充電されていなかったから，$q_1(0) = -C_1E$（仮定された電流による電荷の方向と逆なので負），$q_2(0) = 0$ であり，$-C_1E = 0 + Q_0$ つまり，$Q_0 = -C_1E$ である．したがって，

$$q_1(t) = q_2(t) - C_1E \tag{2}$$

となる．式 (2) を式 (1) に代入すると，次のようになる．

$$\frac{1}{C_1}\left(q_2(t)-C_1E\right)+\frac{1}{C_2}q_2(t)+R\frac{\mathrm{d}q_2(t)}{\mathrm{d}t}=0$$

$$R\frac{\mathrm{d}q_2(t)}{\mathrm{d}t}+\left(\frac{1}{C_1}+\frac{1}{C_2}\right)q_2(t)=E$$

簡単化のために $1/C=1/C_1+1/C_2$（C：C_1 と C_2 の直列合成容量）とおくと，

$$R\frac{\mathrm{d}q_2(t)}{\mathrm{d}t}+\frac{1}{C}q_2(t)=E$$

となる．この解は，初期条件で定まる定数を K として，

$$q_2(t)=CE+Ke^{-\frac{1}{RC}t}$$

となる．$q_2(0)=0$ より $K=-CE$ だから，

$$q_2(t)=CE-CEe^{-\frac{1}{RC}t}$$

となる．式 (2) から

$$q_1(t)=q_2(t)-C_1E=(C-C_1)E-CEe^{-\frac{1}{RC}t}$$

となる．したがって，次のようになる．

$$i(t)=\frac{\mathrm{d}q_1(t)}{\mathrm{d}t}=\frac{\mathrm{d}q_2(t)}{\mathrm{d}t}=\frac{E}{R}e^{-\frac{1}{RC}t}=\frac{E}{R}e^{-\frac{1}{R}\left(\frac{1}{C_1}+\frac{1}{C_2}\right)t}$$

[参考] C_1 の初期電圧 $v_{C1}(0)=q_1(0)/C_1=-E$，最終値 $v_{C1}(\infty)=q_1(\infty)/C_1=-\{C_1/(C_1+C_2)\}E$ で，C_2 の初期電圧 $v_{C2}(0)=q_2(0)/C_2=0$，最終値 $v_{C2}(\infty)=q_2(\infty)/C_2=C_1/(C_1+C_2)E$ である．つまり，C_1 と C_2 の端子電圧がつり合って過渡現象が消滅する．

2.4 $t<0$ において，$i_1(0-)=i_2(0-)=E/(r+R)$ である．また，$t\geq 0$ において，

$$i_1(t)=\frac{E}{r}$$

$$Ri_2(t)+L\frac{\mathrm{d}i_2(t)}{\mathrm{d}t}=0,\quad \therefore i_2(t)=Ke^{-\frac{R}{L}t}\quad (K：定数)$$

である．ここで，$Li_2(0+)=Li_2(0+)$ ゆえに，$i_2(0+)=i_2(0-)=E/(r+R)$ なので，

$$i_2(t)=\frac{E}{r+R}e^{-\frac{R}{L}t}$$

となる．したがって，

$$i_3(t)=i_1(t)-i_2(t)=\frac{E}{r}-\frac{E}{r+R}e^{-\frac{R}{L}t}$$

となる．つまり，

$$i_3(0) = \frac{E}{r} - \frac{E}{r+R} = \frac{R}{r} \cdot \frac{E}{r+R}, \quad i_3(\infty) = \frac{E}{r}$$

である．以上から，グラフは解図 1 のようになる．

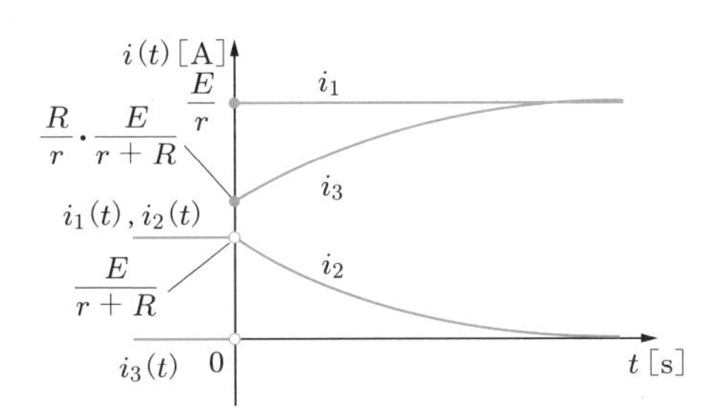

解図 1

2.5　$t \geq 0$ における回路方程式は次のようになる．

$$L\frac{\mathrm{d}^2 q(t)}{\mathrm{d}t^2} + R\frac{\mathrm{d}q(t)}{\mathrm{d}t} + \frac{1}{C}q(t) = E$$

ここで，$q(0) = 0$，$i(0) = \mathrm{d}q/\mathrm{d}t|_{t=0} = E/R = I_0$ である．定常解は $q_s = CE$，特性根は

$$p = -\frac{R}{2L} \pm \sqrt{\left(\frac{R}{2L}\right)^2 - \frac{1}{LC}} = -\frac{R}{2L} \pm j\sqrt{\frac{1}{LC} - \left(\frac{R}{2L}\right)^2} = -\alpha \pm j\beta \quad (\beta\text{: 実数})$$

なので，過渡解は $q_t(t) = e^{-\alpha t}(K_1 \cos\beta t + K_2 \sin\beta t)$（$K_1$，$K_2$：定数）となる．したがって，電荷と電流の一般解は次のようになる．

$$q(t) = e^{-\alpha t}(K_1 \cos\beta t + K_2 \sin\beta t) + CE$$

$$i(t) = \frac{\mathrm{d}q(t)}{\mathrm{d}t} = e^{-\alpha t}\{(\beta K_2 - \alpha K_1)\cos\beta t - (\alpha K_2 + \beta K_1)\sin\beta t\}$$

ここで，$q(0) = 0$ より $K_1 = -CE$，$i(0) = I_0$ より $K_2 = (I_0 - \alpha CE)/\beta$ である．よって，電流の式は

$$i(t) = e^{-\alpha t}\left\{I_0 \cos\beta t + \left(\frac{\alpha^2 + \beta^2}{\beta}CE - \frac{\alpha}{\beta}I_0\right)\sin\beta t\right\}$$

となる．したがって，グラフは解図 2 のようになる．

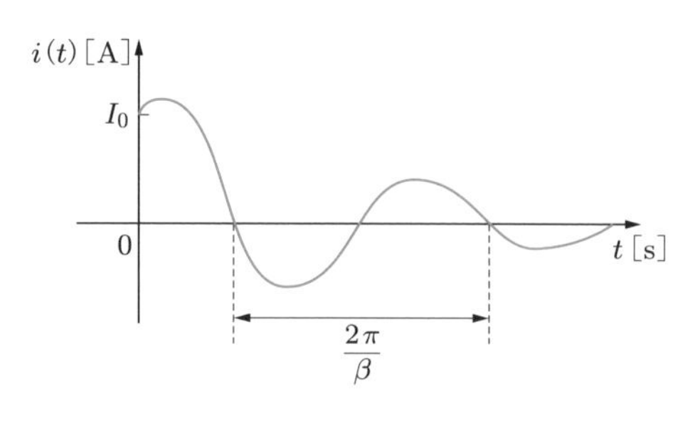

解図 2

3章

3.1 $t < 0$ において

$$i(t) = \frac{E_m}{\sqrt{(R+r)^2 + (\omega L)^2}} \sin\left(\omega t - \tan^{-1}\frac{\omega L}{R+r}\right) = I_0 \sin(\omega t - \phi_0)$$

となる．また，$t \geq 0$ において $Ri(t) + L\mathrm{d}i(t)/\mathrm{d}t = E_m \sin\omega t$ が成り立つので，

$$i(t) = \frac{E_m}{\sqrt{R^2 + (\omega L)^2}} \sin\left(\omega t - \tan^{-1}\frac{\omega L}{R}\right) + Ke^{-\frac{R}{L}t} = I_1 \sin(\omega t - \phi_1) + Ke^{-\frac{R}{L}t}$$

となる．ここで，K は初期条件で定まる定数であり，$I_1 > I_0$ かつ $\phi_1 > \phi_0$ である．初期条件 $i(0) = I_0 \sin(-\phi_0) = -I_0 \sin\phi_0$ より，$K = I_1 \sin\phi_1 - I_0 \sin\phi_0$ となる．よって，次のようになる．

$$i(t) = I_1 \sin(\omega t - \phi_1) + (I_1 \sin\phi_1 - I_0 \sin\phi_0)e^{-\frac{R}{L}t}$$

グラフは解図 3 のようになる．

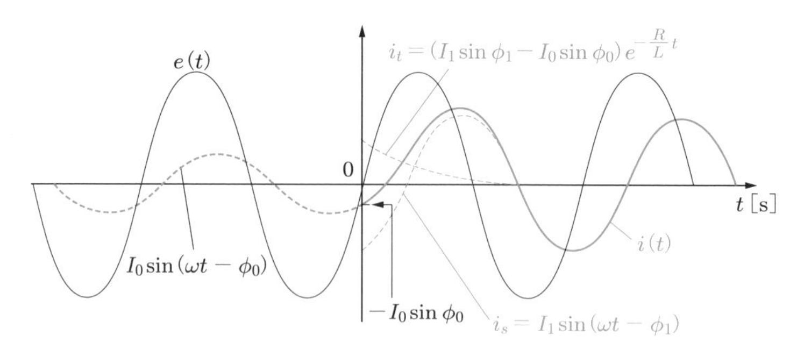

解図 3

3.2 図 3.7 の電流の過渡現象の様子は図 3.8 のようになり，時刻 $t = 0$ における定常解の値 $I_m \sin\phi$ を打ち消すべく $-I_m \sin\phi$ から過渡解がスタートする．したがって，定常解の値が 0 になる時点でスイッチを閉じれば過渡解が発生せず，過渡現象は生じない．よって，

$\omega t + \phi = n\pi\,(n = 1, 2, \cdots)$ すなわち，$t = (-\phi + n\pi)/\omega$ でスイッチを閉じればよい．

3.3　モード 1（$0 \leq t < \pi/\omega$ のとき）：スイッチは a 側へ入れられており，

$$i(t) = \frac{E_m}{\sqrt{R^2 + (1/\omega C)^2}} \sin\left(\omega t + \tan^{-1}\frac{1}{R\omega C}\right) + K_1 e^{-\frac{1}{RC}t}$$
$$= I_m \sin(\omega t + \phi) + K_1 e^{-\frac{1}{RC}t}$$

となる．$t = 0$ で $i = 0$ だから，$I_m \sin\phi + K_1 = 0$，$K_1 = -I_m \sin\phi$ より，

$$i(t) = I_m \sin(\omega t + \phi) - I_m \sin\phi \cdot e^{-\frac{1}{RC}t}$$

となる．このモードにおける最終値は次のようになる．

$$i(t) = I_m \sin(\pi + \phi) - I_m \sin\phi \cdot e^{-\frac{\pi}{R\omega C}} = -I_m \sin\phi - I_m \sin\phi \cdot e^{-\frac{\pi}{R\omega C}}$$
$$= -I_m \sin\phi \left(1 + e^{-\frac{\pi}{R\omega C}}\right) = -I_0 < 0$$

モード 2（$t \geq \pi/\omega$ のとき）：スイッチは b 側へ入れられ，

$$i(t) = K_2 e^{-\frac{1}{RC}t}$$

となる．このモードにおける初期値は，上記の $-I_0$ に等しいので，

$$K_2 e^{-\frac{1}{RC}\frac{\pi}{\omega}} = -I_0, \quad K_2 = -I_0 e^{\frac{\pi}{R\omega C}}$$

となる．したがって，次のようになる．

$$i(t) = -I_0 e^{\frac{\pi}{R\omega C}} e^{-\frac{1}{RC}t} = -I_0 e^{-\frac{1}{RC}\left(t - \frac{\pi}{\omega}\right)}$$

以上から，グラフは解図 4 のようになる．

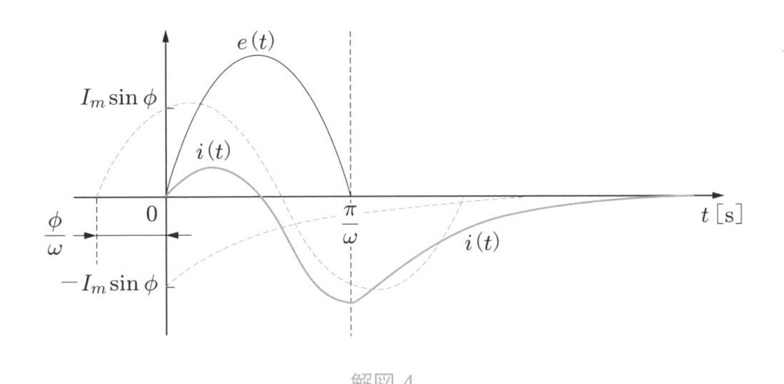

解図 4

3.4　電流の解は式 (3.46) で得られている．再記すると

$$i(t) = I_m \sin(\omega t + \phi) - I_m e^{-\alpha t}\left\{\sin\phi \cdot \cos\beta t + \left(\frac{\alpha}{\beta}\sin\phi + \cos\phi\right)\sin\beta t\right\}$$

である．ここで，

$$\omega = \frac{1}{\sqrt{LC}}, \quad \left(\frac{R}{2L}\right)^2 \ll \frac{1}{LC}$$

だから

$$\frac{1}{\omega C} = \omega L, \quad \phi = \tan^{-1} 0 = 0, \quad \sin\phi = 0, \quad \cos\phi = 1, \quad I_m = \frac{\sqrt{2}E}{R}, \quad \beta \approx \omega$$

となる．したがって，次のようになる．

$$i(t) = \frac{\sqrt{2}E}{R}\sin\omega t - \frac{\sqrt{2}E}{R}e^{-\alpha t}\sin\omega t = \frac{\sqrt{2}E}{R}(1 - e^{-\alpha t})\sin\omega t$$

グラフは解図 5 のようになる．

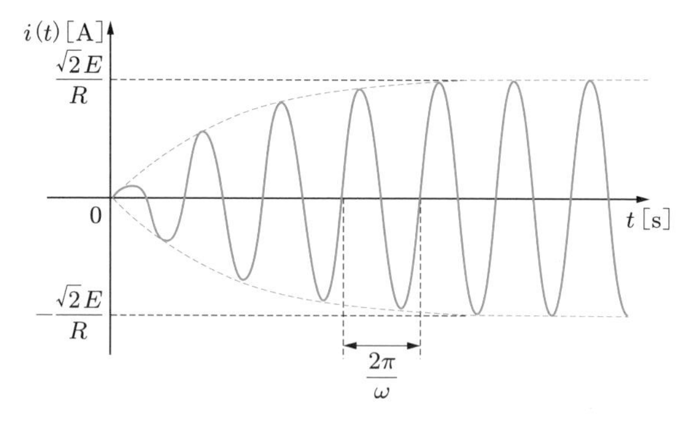

解図 5

4章

4.1 モード 1 における電流の式は

$$i_1(t) = \frac{E}{R} + K_1 e^{-\frac{R}{L}t} \quad (K_1\text{: 定数})$$

となる．このモードの初期条件 $i_1(0) = I_L$ より，$K_1 = I_L - E/R$ である．よって，次のようになる．

$$i_1(t) = \frac{E}{R} + \left(I_L - \frac{E}{R}\right)e^{-\frac{R}{L}t}$$

モード 2 における電流の式は

$$i_2(t) = K_2 e^{-\frac{R}{L}\left(t - \frac{T}{2}\right)} \quad (K_2\text{: 定数})$$

となる．このモードの初期条件 $i_2(T/2) = I_H$ より，$K_2 = I_H$ である．よって，次のようになる．

$$i_2(t) = I_H e^{-\frac{R}{L}\left(t-\frac{T}{2}\right)}$$

ここで，$i_1(T/2) = i_2(T/2)$ より，

$$\frac{E}{R} + \left(I_L - \frac{E}{R}\right) e^{-\frac{RT}{2L}} = I_H$$

で，$i_2(T) = i_1(0)$ より，

$$I_H e^{-\frac{RT}{2L}} = I_L$$

となる．両式から I_H と I_L を求めると，

$$I_H = \frac{1 - e^{-\frac{RT}{2L}}}{1 - e^{-\frac{RT}{L}}} \cdot \frac{E}{R}, \quad I_L = \frac{e^{-\frac{RT}{2L}} - e^{-\frac{RT}{L}}}{1 - e^{-\frac{RT}{L}}} \cdot \frac{E}{R}$$

となる．I_H と I_L が求められたので，$i_1(t)$ と $i_2(t)$ が決定された．また，周期 T を短くすると $e^{-\frac{RT}{2L}} \approx 1 - RT/2L$，$e^{-\frac{RT}{L}} \approx 1 - RT/L$ だから，

$$I_H \approx \frac{RT/2L}{RT/L} \cdot \frac{E}{R} = \frac{1}{2} \cdot \frac{E}{R}$$

$$I_L \approx \frac{RT/L - RT/2L}{RT/L} \cdot \frac{E}{R} = \frac{1}{2} \cdot \frac{E}{R}$$

となり，電流はほぼ直流とみなすことができる．

4.2　回路が共振状態にある場合，電流 $i(t)$ はほぼ正弦波となるので，電流，電圧については基本波成分だけについて考えればよい．電流を $i(t) = I_m \sin\omega t (\omega = 2\pi/T)$ とすれば，そのフェーザ表示は $\dot{I} = (I_m/\sqrt{2})\angle 0$ となる．

コンデンサ端子電圧 $v_C(t)$ のフェーザ表示は

$$\dot{V}_C = -j\frac{1}{\omega C}\dot{I} = \left(\frac{1}{\omega C}\angle -\frac{\pi}{2}\right) \cdot \left(\frac{I_m}{\sqrt{2}}\angle 0\right) = \frac{I_m}{\sqrt{2}\omega C}\angle -\frac{\pi}{2}$$

となる．したがって，その瞬時値は

$$v_C(t) = \frac{I_m}{\omega C}\sin(\omega t - \pi/2)$$

となり，大きさ（最大値）は電流最大値の $1/\omega C$ 倍，位相は遅れ $\pi/2$ の正弦波である．

[参考]　フーリエ級数展開から，印加電圧（方形波）の基本波成分の最大値は $(4/\pi)E$ [V] なので，$I_m \approx \{(4/\pi)E\}/R = 4E/\pi R$ [A] である．

5章

5.1　モード 1（$0 \leq t < T$ のとき）：

$$I(s) = \frac{E/s}{(R_1 + R_2) + sL} = \frac{E/L}{s\{s + (R_1 + R_2)/L\}} = \frac{E}{R_1 + R_2}\left\{\frac{1}{s} - \frac{1}{s + (R_1 + R_2)/L}\right\}$$

$$i(t) = \mathcal{L}^{-1}\left[\frac{E}{R_1+R_2}\left\{\frac{1}{s} - \frac{1}{s+(R_1+R_2)/L}\right\}\right] = \frac{E}{R_1+R_2}\left(1 - e^{-\frac{R_1+R_2}{L}t}\right)$$

このモードの最終値は

$$i(T) = \frac{E}{R_1+R_2}\left(1 - e^{-\frac{R_1+R_2}{L}T}\right) = I_0$$

となる．つまり，LI_0 が次のモードの初期条件電源になる．

モード 2（$t \geq T$ のとき）：$t' = t - T$ をこのモードの時間変数と考えて解を求めていく．

$$I(s) = \frac{E/s + LI_0}{R_1 + sL} = \frac{I_0 s + E/L}{s(s+R_1/L)} = \frac{E/R_1}{s} + \frac{I_0 - E/R_1}{s + R_1/L}$$

$$i(t') = \mathcal{L}^{-1}\left[\frac{E/R_1}{s} + \frac{I_0 - E/R_1}{s+R_1/L}\right] = \frac{E}{R_1} + \left(I_0 - \frac{E}{R_1}\right)e^{-\frac{R_1}{L}t'}$$

$t' = t - T$ なので，モード 2 の原点をモード 1 の原点に統一すると，

$$i(t) = \frac{E}{R_1} + \left(I_0 - \frac{E}{R_1}\right)e^{-\frac{R_1}{L}(t-T)}$$

となる．以上から，グラフは解図 6 のようになる．

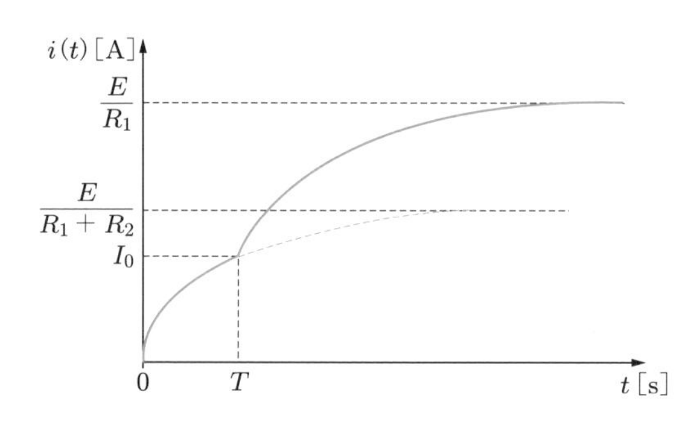

解図 6

5.2　$t \geq 0$ における s 領域等価回路にて，ループ電流を解図 7 のように考える．キルヒホッフの法則から，回路方程式は次のようになる．

$$\begin{bmatrix} r+R & r \\ r & r+sL \end{bmatrix}\begin{bmatrix} I_1(s) \\ I_2(s) \end{bmatrix} = \begin{bmatrix} E/s \\ E/s \end{bmatrix}$$

この式を解いて $I_1(s)$，$I_2(s)$ を求めると，

$$I_1(s) = \frac{E/(r+R)}{s + rR/L(r+R)},$$

$$I_2(s) = \frac{RE/L(r+R)}{s\{s+rR/L(r+R)\}} = \frac{E}{r}\left\{\frac{1}{s} - \frac{1}{s+rR/L(r+R)}\right\}$$

となる．ラプラス逆変換すると，次のようになる．

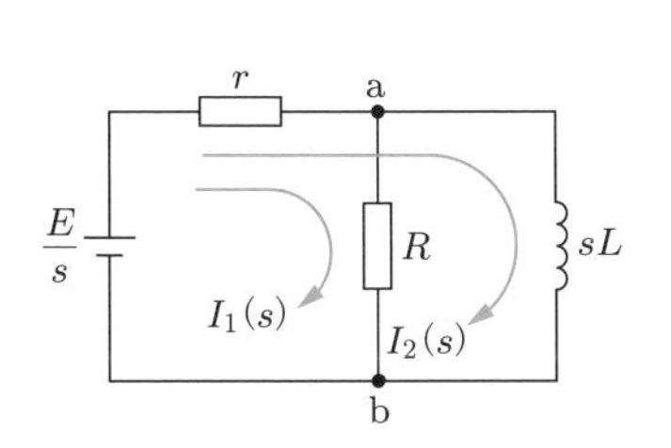

解図 7

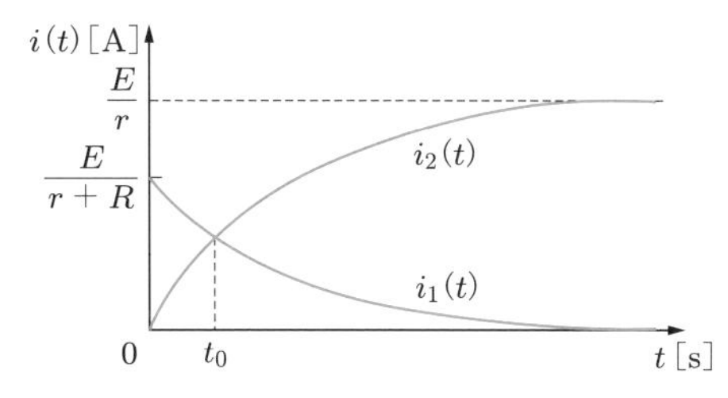

解図 8

$$i_1(t) = \frac{E}{r+R} e^{-\frac{rR}{L(r+R)}t}, \quad i_2(t) = \frac{E}{r}\left\{1 - e^{-\frac{rR}{L(r+R)}t}\right\}$$

グラフは解図 8 のようになる．

また，$\alpha = rR/L(r+R)$ とおくと，$i_1(t) = i_2(t)$ となるときは

$$\frac{E}{r+R} e^{-\alpha t} = \frac{E}{r}(1 - e^{-\alpha t})$$

である．この式から時刻 t を解いて，次のようになる．

$$t = \frac{1}{\alpha} \ln\left(\frac{2r+R}{r+R}\right) = \frac{L(r+R)}{rR} \ln\left(\frac{2r+R}{r+R}\right) = t_0$$

[別解]　ミルマンの定理を利用して $I_1(s)$，$I_2(s)$ を求めてもよい．a-b 間電圧は

$$V_{\rm ab}(s) = \frac{(1/r)\cdot(E/s)}{1/r + 1/R + 1/sL} = \frac{LRE}{L(r+R)s + rR}$$

だから，次のようになる．

$$I_1(s) = \frac{V_{\rm ab}(s)}{R} = \frac{LE}{L(r+R)s + rR} = \frac{E/(r+R)}{s + rR/L(r+R)}$$

$$I_2(s) = \frac{V_{\rm ab}(s)}{sL} = \frac{RE}{s\{L(r+R)s + rR\}} = \frac{RE/L(r+R)}{s\{s + rR/L(r+R)\}}$$

$$= \frac{E}{r}\left\{\frac{1}{s} - \frac{1}{s + rR/L(r+R)}\right\}$$

5.3　$t \geq 0$ における s 領域等価回路は，解図 9 のようになる．よって，

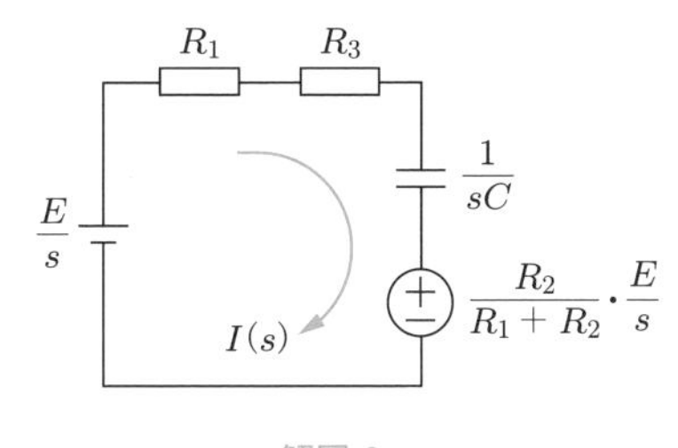

解図 9

$$I(s) = \frac{E/s - \{R_2/(R_1+R_2)\}\cdot(E/s)}{R_1+R_3+1/sC}$$
$$= \frac{\{R_1/(R_1+R_2)\cdot(E/s)}{(R_1+R_3)+1/sC} = \frac{R_1E/(R_1+R_2)(R_1+R_3)}{s+1/C(R_1+R_3)}$$

となる．ラプラス逆変換して，次のようになる．

$$i(t) = \frac{R_1E}{(R_1+R_2)(R_1+R_3)}e^{-\frac{1}{C(R_1+R_3)}t}$$

5.4　$t<0$ において，コンデンサ C_1 と C_2 はそれぞれ，次のような値に充電されていた．

$$C_1: \quad V_{10} = \frac{C_2}{C_1+C_2}E$$
$$C_2: \quad V_{20} = \frac{C_1}{C_1+C_2}E$$

$t \geq 0$ における s 領域等価回路は，解図 10 のようになる．電流 $I(s)$ を求めると，

$$I(s) = \frac{\dfrac{V_{10}}{s}+\dfrac{V_{10}}{s}}{R+\dfrac{1}{s}\left(\dfrac{1}{C_1}+\dfrac{1}{C_2}\right)} = \frac{\dfrac{E}{s}}{R+\dfrac{1}{s}\left(\dfrac{1}{C_1}+\dfrac{1}{C_2}\right)}$$

となる．ここで，$1/C = 1/C_1 + 1/C_2$ とおくと，次のようになる．

$$I(s) = \frac{E/s}{R+1/sC}$$

コンデンサ C_1 の端子電圧は

$$V_1(s) = \frac{V_{10}}{s} - \frac{1}{sC_1}I(s) = \frac{C_2}{C_1+C_2}\cdot\frac{E}{s} - \frac{1}{sC_1}\cdot\frac{E/s}{R+1/sC}$$
$$= \frac{C_2}{C_1+C_2}\cdot\frac{E}{s} - \frac{E/s}{sC_1R+C_1/C} = \frac{C_2}{C_1+C_2}\cdot\frac{E}{s} - \frac{E/C_1R}{s(s+1/RC)}$$
$$= \frac{C_2}{C_1+C_2}\cdot\frac{E}{s} - \frac{E}{C_1R}\left(\frac{RC}{s} - \frac{RC}{s+1/RC}\right)$$
$$= \frac{C_2}{C_1+C_2}\cdot\frac{E}{s} - \frac{C}{C_1}\cdot\frac{E}{s} + \frac{CE}{C_1}\cdot\frac{1}{s+1/RC}$$

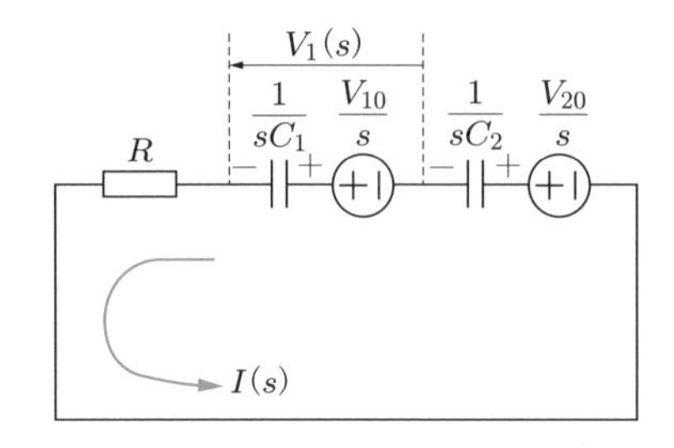

解図 10

$$= \frac{C_2}{C_1+C_2}\cdot\frac{E}{s} - \frac{C_2}{C_1+C_2}\cdot\frac{E}{s} + \frac{C_2 E}{C_1+C_2}\cdot\frac{1}{s+1/RC}$$
$$= \frac{C_2 E}{C_1+C_2}\cdot\frac{1}{s+1/RC}$$

となる．ラプラス逆変換して，次のようになる．

$$v_1(t) = \frac{C_2 E}{C_1+C_2} e^{-\frac{1}{RC}t} = \frac{C_2 E}{C_1+C_2} e^{-\frac{1}{R_1+R_2}\left(\frac{1}{C_1}+\frac{1}{C_2}\right)t}$$

したがって，$v_1(0) = C_2 E/(C_1+C_2)$（初期条件を満足している），$v_1(\infty) = 0$ である．

6章

6.1　力 f は機械抵抗とばねに分かれて加えられ，同じ速さ u で運動するから，

$$f = Du + \frac{1}{C_m}\int u\mathrm{d}t$$

となる．したがって等価電気回路は解図 11 のようになる．

6.2　ばねも質量 M の物体も同じ力 f を受け，ばねは相対速度 $u_1 - u_2$ で伸びるから，

$$\begin{cases} f = \dfrac{1}{C_m}\displaystyle\int (u_1 - u_2)\mathrm{d}t \\ f = M\dfrac{du_2}{\mathrm{d}t} \end{cases}$$

となる．したがって，等価電気回路は解図 12 のようになる．

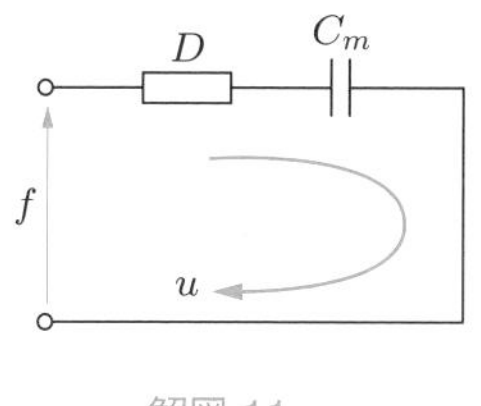

解図 11

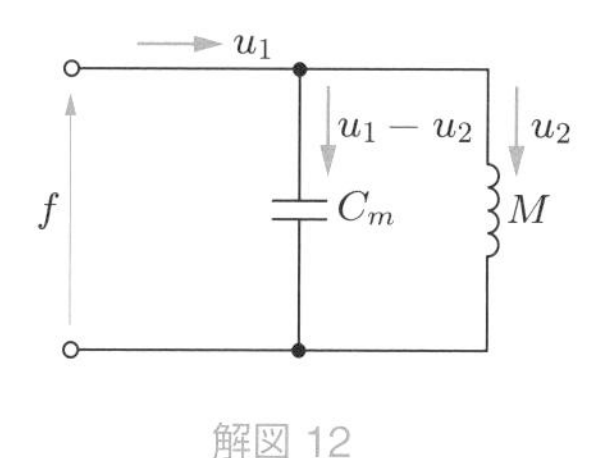

解図 12

付表　ラプラス変換表

名　称	$f(t)$	$F(s)$
線形則	$ax_1(t) \pm bx_2(t)$	$aX_1(s) \pm bX_2(s)$
微分則	$\dfrac{\mathrm{d}x(t)}{\mathrm{d}t}$	$sX(s) - x(0)$
	$\dfrac{\mathrm{d}^2x(t)}{\mathrm{d}t^2}$	$s^2X(s) - sx(0) - \dfrac{\mathrm{d}x}{\mathrm{d}t}(0)$
積分則	$\displaystyle\int_0^t x(t)\mathrm{d}t$	$\dfrac{1}{s}X(s)$
ステップ関数	$u(t) = \begin{cases} 0 & (t < 0) \\ 1 & (t \geq 0) \end{cases}$	$\dfrac{1}{s}$
指数関数	$e^{-\alpha t}$	$\dfrac{1}{s+\alpha}$
三角関数	$\sin \omega t$	$\dfrac{\omega}{s^2+\omega^2}$
	$\cos \omega t$	$\dfrac{s}{s^2+\omega^2}$
双曲線関数	$\sinh \beta t$	$\dfrac{\beta}{s^2-\beta^2}$
	$\cosh \beta t$	$\dfrac{s}{s^2-\beta^2}$
n 次関数	t^n	$\dfrac{n!}{s^{n+1}}$
単位インパルス関数	$\delta(t) = \begin{cases} 0 & (t \neq 0) \\ \infty & (t = 0) \end{cases}$, $\displaystyle\int_{-\infty}^{+\infty} \delta(t)\mathrm{d}t = 1$	1
減衰関数	$e^{-\alpha t}x(t)$	$X(s+\alpha)$
	$e^{-\alpha t}\sin \omega t$	$\dfrac{\omega}{(s+\alpha)^2+\omega^2}$
	$e^{-\alpha t}\cos \omega t$	$\dfrac{s+\alpha}{(s+\alpha)^2+\omega^2}$
推移した関数	$x(t-t_0)u(t-t_0)$	$e^{-t_0 s}X(s)$
初期値定理	$x(0) = \lim_{s\to\infty} sX(s)$	
最終値定理	$x(\infty) = \lim_{s\to 0} sX(s)$	

索　引

著 者 略 歴

奥平 鎮正（おくだいら・しずまさ）

1978 年 宇都宮大学工学部電気工学科卒業
1980 年 宇都宮大学大学院修士課程修了（電気工学専攻）
(株)日立製作所入社
1986 年 (株)日立製作所退社
東京都立航空工業高等専門学校助手
1991 年 東京都立航空工業高等専門学校助教授
2002 年 東京都立航空工業高等専門学校教授
2006 年 東京都立産業技術高等専門学校教授
現在に至る
博士（工学）

編集担当 富井 晃(森北出版)
編集責任 藤原祐介(森北出版)
組 版 藤原印刷
印 刷 同
製 本 同

よくわかる過渡現象

2020 年 10 月 19 日 第 1 版第 1 刷発行

著 者 奥平鎮正
発 行 者 森北博巳
発 行 所 **森北出版株式会社**
東京都千代田区富士見 1-4-11（〒 102-0071）
電話 03-3265-8341 ／ FAX 03-3264-8709
https://www.morikita.co.jp/
日本書籍出版協会・自然科学書協会 会員

Printed in Japan ／ ISBN978-4-627-74411-0

MEMO

MEMO

MEMO